2014 年我国水生动物
重要疫病病情分析

农业部渔业渔政管理局
全国水产技术推广总站　编

海洋出版社

2016 年·北京

图书在版编目（CIP）数据

2014 年我国水生动物重要疫病病情分析/农业部渔业渔政管理局，全国水产技术推广总站编 . —北京：海洋出版社，2016.3
ISBN 978 - 7 - 5027 - 9395 - 1

Ⅰ.①2… Ⅱ.①农… ②全… Ⅲ.①水生动物 - 动物疾病 - 研究 - 中国 - 2014
Ⅳ.①S94

中国版本图书馆 CIP 数据核字（2016）第 060866 号

责任编辑：常青青
责任印制：赵麟苏

海洋出版社 出版发行

Http://www.oceanpress.com.cn

北京市海淀区大慧寺路 8 号 邮编：100081
中煤（北京）印务有限公司印刷
2016 年 3 月第 1 版 2016 年 3 月北京第 1 次印刷
开本：889mm×1194mm 1/16 印张：14.75
字数：323 千字 定价：69.00 元
发行部：62132549 邮购部：68038093
总编室：62114335 编辑室：62100079
海洋版图书印、装错误可随时退换

近年来我国局部地区水生动物突发疫情

2009年年底，甘肃省永登县、永昌县、临泽县，因传染性造血器官坏死病导致养殖虹鳟大面积批量死亡。三县发病面积183.54亩，占养殖总面积的92.9%，至翌年3月底，三县虹鳟鱼死亡量约491吨，造成直接经济损失2000多万元

2011年，我国罗非鱼主产区福建、广东、广西、海南等省（区）的各个不同流域都出现了链球菌病暴发流行的情况。发病面积达33.9万亩，占四省（区）罗非鱼养殖面积的19.4%，造成直接经济损失5.87亿元

2011年8月，四川省攀枝花市二滩水库养殖斑点叉尾鮰因感染爱德华菌发生大量死亡

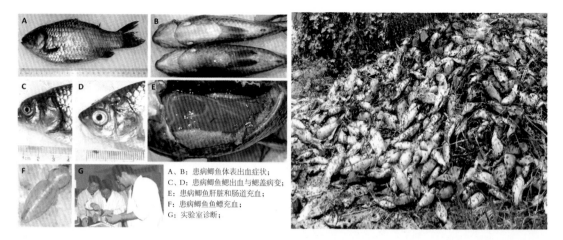

A、B：患病鲫鱼体表出血症状；
C、D：患病鲫鱼鳃出血与鳃盖病变；
E：患病鲫鱼肝脏和肠道充血；
F：患病鲫鱼鳃充血；
G：实验室诊断；

2012 年 4 月开始，江苏省淮安市、盐城市、扬州市等地区养殖异育银鲫发生鲫造血器官坏死症，发病面积约 45 万亩，占全省鲫养殖面积的 1/2，死亡率在 50% 以上，严重的达到 90%，造成直接经济损失近 4 亿元

2014 年 8 月下旬，天津市宁河区某养殖场养殖鲫短时间内出现集中性死亡，一周内共死鱼 4 万千克。经确诊，为鲫造血器官坏死症。随后，河北省某养殖场也发生养殖鲫短时间内集中性死亡，死鱼 10 万千克，分析认为疑似鲫造血器官坏死症

编写委员会

前　言

　　为及时掌握我国水生动物疫情动态、疫病隐患和疫病流行规律，增强重要水生动物疫情预警预报能力，2005年，农业部启动了重要水生动物疫病专项监测工作。11年来，监测种类和监测区域不断扩大，监测准确性和有效性不断提高，基本掌握了所监测重要水生动物疫病的病原分布、流行趋势和疫情动态，在科学判断防控形势，开展预警预报，制订防控策略，减少经济损失，保障水产品质量安全方面发挥了重要作用。

　　2014年，农业部对鲤春病毒血症、白斑综合征、传染性造血器官坏死病、锦鲤疱疹病毒病、刺激隐核虫病5种重要水生动物疫病进行了专项监测，全国有23个省（区、市）参与。为做好专项监测工作，农业部确定了各疫病的首席专家及技术支撑单位，并组织专家对各疫病监测数据进行了分析，对其发病风险进行了研判，各省也对本行政区域专项监测工作和突发疫情处置进行了总结。现将5种重要疫病病情分析报告和部分省份病情分析报告整理编辑，出版《2014年我国水生动物重要疫病病情分析》一书，供各地开展水生动物疫病防控工作参考。

　　本书的出版，得到了各位首席专家及各地水产技术推广机构、水生动物疫病预防控制机构的大力支持，也离不开各级疫病监测信息采集分析人员的无私奉献，在此一并致以诚挚的谢意！

　　本书的分析报告，主要基于国家水生动物疫病专项监测和全国水产养殖病害测报数据，由于监测数据和编者水平有限，错误之处在所难免，敬请读者指正。

编　者

2015年12月

目　录

综合篇

我国水生动物疫病防控形势分析 ………………………………………… （3）

鲤春病毒血症（SVC）分析 ………………………………………………… （12）

传染性造血器官坏死病（IHN）分析 ……………………………………… （52）

锦鲤疱疹病毒病（KHVD）分析 …………………………………………… （63）

白斑综合征（WSD）分析 ………………………………………………… （72）

刺激隐核虫病分析 ………………………………………………………… （99）

地方篇

2014 年北京市水生动物病情分析 ……………………………………… （133）

2014 年辽宁省水生动物病情分析 ……………………………………… （161）

2014 年吉林省水生动物病情分析 ……………………………………… （169）

2014 年浙江省水生动物病情分析 ……………………………………… （172）

2014 年安徽省水生动物病情分析 ……………………………………… （177）

2014 年江西省水生动物病情分析 ……………………………………… （192）

2014 年湖南省水生动物病情分析 ……………………………………… （203）

2014 年广东省水生动物病情分析 ……………………………………… （214）

2014 年海南省海水养殖鱼类病情分析 ………………………………… （221）

综合篇

我国水生动物疫病防控形势分析

（王德芬　李清　余卫忠　吕永辉　朱健祥）

我国是世界渔业大国。2014 年全国水产品总产量 6 461 万吨，其中，养殖产量 4 748 万吨，占总产量的 73.49%。水产养殖业的发展，承担了城乡居民"菜篮子"水产品的主要供给，不仅为国民提供了大量优质蛋白源，改善了城乡居民的营养结构，推动了国民体质的提高，也为繁荣农村经济、增加农民收入做出了重要贡献。

如此巨大的养殖产量，加上我国水产养殖相对粗放的养殖方式和相对分散的经营方式，必然会带来养殖水生动植物疾病的发生、蔓延和传播，给水产品质量安全带来隐患，也给养殖渔民带来一定的经济损失。

一、我国水生动物常见疾病的发生情况

从 2000 年开始，全国水产技术推广总站组织全国各省、区、市及新疆生产建设兵团（西藏除外）开展水产养殖病害测报工作。2014 年，全国共设置测报点 4 200 余个，参与测报人员 8 000 余人；监测面积约 430 万亩[①]，约占全国水产养殖面积的 3.6%；基本形成了"国家－省－市－县－点"五级水生动物疫病测报体系，基本建立了一套病情测报的指标体系以及一套"定点监测、逐级上报、分级汇总、统一发布"的病情发布机制。

根据各地监测报告，2014 年全国共监测到发病水产养殖种类 75 种（表 1），其中鱼类 50 种，占发病养殖种类的 67%；甲壳类 10 种，占 13%；贝类 10 种，13%；两栖爬行类 3 种，占 4%；其他 2 种，占 3%。鱼类发病种类最多，这与我国水产养殖的种类结构和产量有关。

表 1　2014 年发病养殖种类

类别		养殖种类	数量
鱼类	淡水养殖	草鱼、鲢、鳙、鲤、鲫、罗非鱼、鳊、青鱼、乌鳢、鲇、黄鳝、大口黑鲈、河鲈、泥鳅、黄颡鱼、鳜、斑点叉尾鮰、鳗鲡、鲟、虹鳟、长吻鮠、鲑、鲂、鲮、鲴、翘嘴红鲌、倒刺鲃、淡水白鲳、云斑尖塘鳢、裂腹鱼、梭鱼、锦鲤、金鱼	33
	海水养殖	大黄鱼、牙鲆、大菱鲆、尖吻鲈、七星鲈、石斑鱼、美国红鱼、真鲷、黑鲷、黄鳍鲷、斜带髭鲷、军曹鱼、高体𫚕、河鲀、卵形鲳鲹、半滑舌鳎、鲍	17

---

① 亩为我国非法定计量单位，1 亩≈667 平方米，1 公顷 = 15 亩，下同。

续表

类别		养殖种类	数量
甲壳类	虾类	凡纳滨对虾、克氏原螯虾、罗氏沼虾、斑节对虾、中国对虾、日本对虾、日本沼虾	7
	蟹类	中华绒螯蟹、青蟹、三疣梭子蟹	3
两栖/爬行类		中华鳖、牛蛙、大鲵	3
贝类		牡蛎、中国蛤蜊、菲律宾蛤仔、扇贝、缢蛏、泥蚶、东风螺、鲍、蚌（三角帆蚌、池蝶蚌）、珍珠贝	10
其他		刺参、海蜇	2
合计			75

2014 年，全国共监测到水生动物疾病 80 种，其中，细菌病 37 种，占 46%，寄生虫病 22 种，占 28%，病毒病 16 种，占 20%，真菌病 5 种，占 6%（表 2）。疾病种类中细菌病、寄生虫病和病毒病占了很大比重。

表 2 2014 年水生动物疾病种类

类别		疾病种类	数量
鱼类	病毒病	鲤春病毒血症、草鱼出血病、传染性脾肾坏死病、锦鲤疱疹病毒病、传染性造血器官坏死病、鲤痘疮病、鲫造血器官坏死病和淋巴囊肿病	8
	细菌病	淡水鱼细菌性败血症、类肠败血症、迟缓爱德华菌病、链球菌病、弧菌病、诺卡菌病、假单胞菌病、细菌性肾病、烂鳃病、赤皮病、肠炎病、竖鳞病、打印病、疖疮病、白皮病、白头白嘴病和脱黏病	17
	真菌病	水霉病、鳃霉病	2
	寄生虫病	刺激隐核虫病、小瓜虫病、黏孢子虫病、三代虫病、指环虫病、斜管虫病、车轮虫病、中华鳋病、锚头鳋病、鱼虱病、鲺病、绦虫病、本尼登虫病、隐鞭虫病、杯体虫病、瓣体虫病、线虫病、波豆虫病和艾美虫病	19
虾类	病毒病	白斑综合征、桃拉综合征、黄头病、传染性皮下和造血器官坏死病、罗氏沼虾白尾病和急性肝胰腺坏死综合征	6
	细菌病	红腿病、烂鳃病、烂尾病、肠炎病和弧菌病	5
	真菌病	水霉病	1
	寄生虫病	固着类纤毛虫病	1
蟹类	细菌病	弧菌病、甲壳溃疡病、肠炎病、烂鳃病和河蟹颤抖病	5
	真菌病	水霉病	1
	寄生虫病	固着类纤毛虫病	1
贝类	细菌病	鲍脓疱病、嗜水气单胞菌病和弧菌病	3
	寄生虫病	缢鳃虫病	1

类　别		疾　病　种　类	数　量
爬行类 （中华鳖）	病毒病	腮腺炎病、鳖红底板病	2
	细菌病	鳖穿孔病、鳖红脖子病、胃肠炎病和迟缓爱德华菌病	4
	真菌病	水霉病	1
两栖类 （牛蛙）	细菌病	牛蛙链球菌病、牛蛙红腿病和蛙胃肠炎病	3
合计			80

二、重要水生动物疫病发生情况

根据农业部渔业渔政管理局部署，全国水产技术推广总站从 2005 年开始组织有关省实施国家重要水生动物疫病专项监测，监测病种先后有鲤春病毒血症、白斑综合征、传染性造血器官坏死病、刺激隐核虫病和锦鲤疱疹病毒病（表3）。

表3　历年主要监测病种及实施省份

监测内容	监测时间（年）	监测范围
鲤春病毒血症	2005—2014	北京、天津、河北、辽宁、吉林、黑龙江、上海、江苏、安徽、江西、山东、河南、湖北、湖南、重庆
	2014	四川、陕西、新疆
白斑综合征	2007—2014	广东、广西
	2009—2014	天津、河北、山东
	2011—2014	江苏
	2014	辽宁、浙江、福建
传染性造血器官坏死病	2011—2014	河北、辽宁、甘肃
	2014	北京、山东
刺激隐核虫病	2010—2014	福建、广东
	2014	浙江
锦鲤疱疹病毒病	2014	北京、天津、河北、辽宁、吉林、黑龙江、江苏、浙江、安徽、江西、广西、重庆、四川、甘肃

2014 年监测的重大疫病有鲤春病毒血症、白斑综合征、传染性造血器官坏死病、刺激隐核虫病和锦鲤疱疹病毒病 5 种（表4），从监测结果来看，形势不容乐观。

（一）鲤春病毒血症（SVC）

病原分布范围广。从 2014 年阳性样品地域分布来看，18 个实施监测的省份中虽然只有 9 个检出了阳性样品，但是我国对 SVC 的专项监测是从 2005 年开始，根据往年的监测报告，实施监测的 18 个省份中，有 17 个省份分别在不同年份检出阳性样品（详见 SVC 分析报告）。分析认为，SVC 病原在我国鲤科鱼类养殖区有广泛的分布。

表4　2012—2014 年监测疫病样品采集及阳性样品检出情况统计

监测疾病		监测年份		
		2012 年	2013 年	2014 年
鲤春病毒血症	采样数量（个）	1 057	1 042	891
	阳性样品数量（个）	39	33	22
	阳性样品检出率（%）	3.7	3.2	2.5
白斑综合征	采样数量（个）	1 275	1 479	1 152
	阳性样品数量（个）	200	247	191
	阳性样品检出率（%）	15.7	16.7	16.6
传染性造血器官坏死病	采样数量（个）	404	401	298
	阳性样品数量（个）	30	59	61
	阳性样品检出率（%）	7.4	14.7	20.5
刺激隐核虫病	采样数量（个）	955	779	584
	阳性样品数量（个）	161	235	96
	阳性样品检出率（%）	16.9	30.2	16.4
锦鲤疱疹病毒病	采样数量（个）			318
	阳性样品数量（个）			4
	阳性样品检出率（%）			1.3

原良种场隐患大。从阳性养殖场点的类型来看，原良种场、重点苗种场、观赏鱼养殖场均有不同程度的阳性检出；原良种场阳性检出率超过 6%，这是病原传播的重要隐患，需要引起特别关注。

我国目前 SVC 病原毒力相对较弱。从病原基因型来看，目前我国分离到的 SVC 病原为 Ia 基因亚型，即中国株和美国株。从各地监测报告来看，近年我国没有发生 SVC 疫情，分析认为 Ia 基因亚型毒力相对较弱，现行防控措施基本可以将其控制在局部区域，我国短时间内不会出现大面积的 SVC 暴发和流行。

（二）白斑综合征（WSD）

宿主范围大。从阳性样品种类来看，多种甲壳类均检出了阳性样品，分析认为，WSD 病原宿主范围涵盖多种甲壳类，并有扩大趋势。

病原分布范围广。从分布区域来看，纳入监测的 9 个省份中，有 8 个省份均检出了阳性样品，平均阳性养殖场点检出率达 28.9%，说明 WSD 病原在我国甲壳类养殖区广泛存在，并且带毒率很高。个别省份虽未检出阳性样品，分析认为可能与其采样、送检等环节操作不规范有关。

原良种场隐患大。从阳性养殖场点的类型来看，原良种场和重点苗种场均有较高的阳性检出率，这是虾类产业的巨大隐患。

我国对 WSD 的专项监测是从 2007 年开始，往年的监测结果也可证明上述结论（详见 WSD 分析）。

（三）传染性造血器官坏死病（IHN）

病原分布范围广。从地域分布来看，2014 年参与监测的 5 个省份中，北京、河北和山东 3 个省份检出了阳性样品。但是，国家对 IHN 的监测是从 2011 年开始，从往年的监测报告来看，甘肃省和辽宁省在不同年份也分别检出过阳性样品（详见 IHN 分析）。甘肃省 2005 年发生 IHN 疫情后，至今尚未完全恢复生产；辽宁省鲑鳟鱼苗种发病死亡的情况相当严重，没有检出阳性样品，分析认为，可能与采样、送样环节的操作以及使用的检测方法不规范有关。

病原带毒率高。从阳性检出率来看，检出阳性样品的 3 个省份的平均阳性监测养殖场点检出率是 71.2%，河北省的阳性监测养殖场点检出率达到 82.5%。近年来，各地鲑鳟鱼苗种与成鱼养殖场均有发病死亡情况，尤其 1~2 月龄苗种的发病死亡更为严重，一旦感染，死亡率通常在 90% 以上。分析认为，IHN 已成为危害我国鲑鳟鱼产业的重要疫病。

原良种场隐患大。从阳性养殖场点类型来看，一些原良种场和重点苗种场也检出了阳性样品，这是病原传播的重大隐患。如果不及时采取相应防控措施，今后 IHN 的危害还会加剧。

（四）锦鲤疱疹病毒病（KHVD）

病原呈点状分布。从地域分布来看，14 个省份中，只有广西和江苏检出了 KHVD 阳性样品，呈点状分布，尚未大面积携带病原。分析认为，在近期内可能不会出现大规模 KHVD 疫情。但由于我国对 KHVD 的监测是 2014 年刚刚开始，掌握的数据还十分有限，尚不能忽视其他地域携带病原的可能性。

另外，从阳性养殖场点类型来看，阳性样品主要来自重点苗种场和观赏鱼场，这是病原传播的隐患，其潜在的危害不容小觑。

（五）刺激隐核虫病

宿主没有明显选择性。从阳性样品种类来看，刺激隐核虫几乎可以感染所有海水养殖鱼类，对海水鱼类种类和规格没有明显的选择性。

病原在我国海水养殖区广泛分布。从地域分布来看，参与监测的 3 个省份均有阳性样品检出，并且检出率很高。

原良种场隐患大。从阳性养殖场点类型来看，除了成鱼养殖场外，国家级原良种场也检出了阳性样品，这是病原传播的重要隐患。

防控难度大。从养殖生产中的发病特征来看，刺激隐核虫具有高致病性和高暴发性特征，发病后短时间内可导致发病鱼大量死亡并引起较大的经济损失。我国海水鱼类养殖主要是近海网箱和围网养殖，养殖密度大，养殖环境差，加上难以用药物进行治疗，所以该病一直没有得到有效的控制。

三、近年来我国水生动物疫病发生的主要特点

当前，我国水生动物疫病表现出"四多三大"的特点。

（一）四多

1. 发生疾病的养殖种类多

根据全国水产养殖病情测报信息，2012—2014 年，我国发生疾病的养殖水生动物种类有增多趋势，几乎所有的养殖种类都有发病（图 1）。

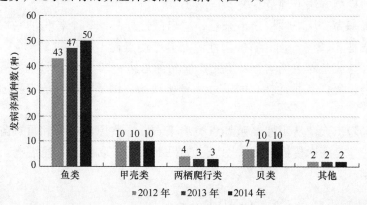

图 1　2012—2014 年发病养殖种数统计

2. 发生的疾病种类多

根据全国水产养殖病情测报信息，近年来，我国养殖水生动物发生的疾病种类也呈微增长态势（图 2）。

3. 发生疾病的区域多

根据全国养殖水生动物病情测报信息及各地通报的有关情况，目前，发病养殖种类所在区域几乎覆盖所有养殖地区。

4. 突发疫情多

2011 年我国福建、广东、广西、海南等省（区）罗非鱼主养区的各个不同流域都出现了链球菌病暴发流行情况，3 月份投苗开始出现零星发病，6 月份出现大面积发病，7—8 月份进入发病高峰，水温下降后转为慢性病，持续全年。发病面积达 33.9 万亩，占四省（区）罗非鱼养殖面积的 19.4%，造成直接经济损失 5.87 亿元。之后罗非鱼链球菌病疫情连年不断。

2012 年 4 月，江苏省淮安市、盐城市、扬州市等异育银鲫主要养殖区相继发生大

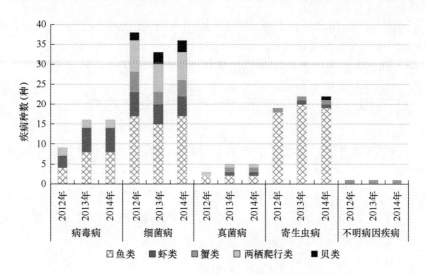

图2　2012—2014年养殖水生动物疾病种数统计

面积病害，受灾面积约45万亩，其中绝收塘口面积约2.38万亩，经确诊为鲫造血器官坏死病（病原为鲤疱疹病毒Ⅱ型），病害造成水产品损失约2.96万吨。2014年8月下旬，天津宁河区内某养殖场养殖鲫在几天内出现集中性死亡，一周内共死鱼4万千克；随后报告另一养殖场也发生养殖鲫在短时间内集中性死亡，死鱼10万千克，经确诊均为造血器官坏死病。

2014年5月，江苏省宁江、六合一带和北省潜江一带，养殖克氏原螯虾出现大量死亡现象，死亡率达20%以上。经中国水产科学研究院黄海水产研究所（OIE白斑综合征病毒诊断参考实验室）确诊为白斑综合征。这是首次在我国克氏原螯虾中发生白斑综合征疫情。

（二）三大

1. 不确定性大

同一疾病感染对象发生变化。对虾病害中，白斑综合征病毒的感染对象由凡纳滨对虾扩展到克氏原螯虾，近年湖北、江苏等地均有养殖克氏原螯虾发生该病。

同一养殖对象感染疾病发生变化。对虾病害中，近年来凡纳滨对虾养殖监测到的疾病除白斑综合征外，还监测到了桃拉综合征、黄头病、传染性皮下和造血器官坏死病及急性肝胰腺坏死病，并呈现暴发和流行态势。急性肝胰腺坏死病给广东省凡纳滨对虾养殖业造成严重危害，主养区2012年和2013年发病率高达80%，发生排塘的虾池达60%，虾产量损失超过30%。

同一疾病发病季节发生变化。主要表现为季节性发病转变为全年持续性发病，典型案例为罗非鱼链球菌病。

2. 病害损失大

2014年，我国水产养殖因病害造成的经济损失约140亿元（仅指水生动物），约占水产养殖产值的 2% 。在因病害造成的经济损失中，甲壳类损失占 52% ，鱼类占 33% ，贝类占 11% ，其他养殖种类占 4% 。

鱼类中，因病害造成经济损失最高的是草鱼，约 9.8 亿元；其次是罗非鱼，约 8.4 亿元。病害损失较大的其他主要养殖品种还有：鲫约 4.9 亿元，鲤约 3.7 亿元，鳜约 3.5 亿元，鲢、鳙约 2.4 亿元，鲈约 1.6 亿元，石斑鱼约 1.2 亿元，鲆约 1.0 亿元，大黄鱼约 0.8 亿元。

虾类中，因病害造成经济损失最高的是对虾（包括凡纳滨对虾、中国对虾、日本对虾和斑节对虾等），约 55.5 亿元。其中，凡纳滨对虾约 52.6 亿元；另外，克氏原螯虾约 2.9 亿元，沼虾（日本沼虾和罗氏沼虾）约 2.9 亿元。

蟹类中，因病害造成经济损失最高的是中华绒螯蟹，约 10.4 亿元；其次是三疣梭子蟹，约 0.8 亿元；青蟹约 0.38 亿元。

3. 防控难度大

对于水生动物疾病，尤其是病毒性疾病，可以说目前尚无较好的治疗方法，加之部分不健康的养殖方式，导致养殖水生动物疾病多发、频发。例如：

鲫造血器官坏死症，该病病原虽已确定，但目前尚难以控制，发病区域已经从长江流域扩大到北方地区；急性肝胰腺坏死病，目前对其病原尚未确定，业内专家对其发病原因还存在不同看法；白斑综合征，已发生多年，但目前也还没有很好的治疗措施；冷水鱼传染性造血器官坏死病，据了解，除青海水库深水网箱养殖虹鳟没有发病外，其他养殖地区几乎都有发病。世界上其他国家养殖冷水鱼也都发生该病，目前尚没有好的解决办法，可以说是一个世界性难题。

四、我国水生动物发病原因分析

近年来，虽然没有暴发全国范围的大规模疫情，但局部区域的疫情时有发生。主要原因有以下几点：

一是环境污染难以控制。工业、农业和城市污水排放及水产养殖的自身污染，导致水产养殖动植物自身免疫力下降，对水环境中存在的各种病原生物敏感性增加，从而导致病害发生。

二是健康养殖模式难以落实。治病以防为主，通过采用健康养殖模式和良好的养殖手段预防疾病十分重要，但是由于我国相对粗放的养殖模式和相对分散的经营方式，加上养殖业者防病意识薄弱，健康养殖模式和技术难以落实。

三是施药不够科学。水产养殖动植物种类多，生理特性差异大，对药物的耐受性、药物的效应以及药物的代谢规律存在差异。另外，用药效果受水体环境和各种理化因子影响较大，而且给患病水产养殖动物定量给药困难，患病后需要获得药物的个体，因为食欲下降或丧失食欲而难以得到适量的药物。

四是苗种质量不能保障。国家重要疫病专项监测结果显示，目前不少国家级和省级原良种场携带病原，加上我国苗种产地检疫迟迟未能正常开展，导致病原扩散，疫情不断发生。

五、对策与建议

一是加强水生动物疫病科学研究，尽快搞清一些重要疫病的病原、发病机理，提出预防控制治疗措施，不断提高水生动物防疫工作水平。

二是加强健康养殖理念和生态防控的宣传和推广，贯彻"以防为主，防控治结合"的方针，集成推广"测水养殖"和"测菌给药"技术，把健康养殖的管理和技术措施真正落到实处，实现水产养殖业的转型升级，促进水产品质量安全水平的不断提高。

三是加强病原的区域化管理，建立一批无规定疫病苗种场，提高苗种带毒风险和抗病力，降低发病概率。

鲤春病毒血症（SVC）分析

深圳出入境检验检疫局动植物检验检疫技术中心

中国水产科学研究院珠江水产研究所

（吴淑琴 刘莛 石存斌 贾鹏 王庆 郑晓聪）

一、前言

（一）鲤春病毒血症介绍

鲤春病毒血症（Spring Viraemia of Carp，SVC）由鲤春病毒血症病毒（Spring Viraemia of Carp Virus，SVCV）感染鲤科和鲫科鱼类等，并导致宿主产生急性、出血性临床症状为主的一种传染性疾病。该病被世界动物卫生组织（World Organization for Animal Health）列入《水生动物疫病名录》，被《一、二、三类动物疫病病种名录》（农业部，2008年）列为一类动物疫病，被《中华人民共和国进境动物检疫疫病名录》（农业部和国家质量监督检验检疫总局，2013年）列为二类进境动物疫病。

该病分布广泛，欧洲、亚洲、美洲地区均有报道，包括奥地利、匈牙利、保加利亚、法国、德国、英国、意大利、西班牙、捷克、斯洛伐克、俄罗斯等国家。该病主要通过病鱼、亚临床感染鱼、被污染的水和器具等水平途径进行传播，多数国家因为引种或进口观赏鱼的过程中，将SVCV引入。该病病原在10℃河水中可存活5周，在4℃泥土中可存活6周，10℃泥土中只能存活4天，这为其传播提供了条件。

鲤鱼对SVC最为易感，依次有其他鲤（包括杂交鲤）、其他鲤科鱼类和非鲤科鱼类。包括鲤（Cyprinus carpio carpio）、锦鲤（Cyprinus carpio koi）、鲫（Carassius carassius）、鲢（Hypophthalmichthys militrix）、鳙（Aristichthys nobilis）、草鱼（Ctenopharyngodon idella）、金鱼（Carassius auratus）、高体雅罗鱼（Leuciscus idus）、丁鱥（Tinca tinca）、欧鳊（Abramis brama）、欧鲇（Silurus glanis）、白斑狗鱼（Esox lucius）和虹鳟（Oncorhynchus mykiss）。人工感染实验表明拟鲤（Rutilus rutilus）、斑马鱼（Danio rerio）、金体美鳊（Notemigonus crysoleucas）、虹鳉（Lebistes retuculatus）等对SVCV易感。不同年龄段易感动物对SVCV的易感程度不同，小于1岁龄鱼对SVCV最为敏感。

SVCV作为该病的致病病原，是一种大小为70～120纳米、有囊膜、不分节段、单股负义RNA病毒，属于弹状病毒科（Rhabdoviridae）、鲤春病毒属（Sprivivirus）。SVCV基因组大小为11 019个碱基对，编码5个主要蛋白，分别为核蛋白、磷蛋白、基质蛋白、糖蛋白和依赖RNA的RNA聚合酶。以部分糖蛋白基因（550个碱基对）序列进行遗传进化分析，将SVCV和PFRV等相近病毒分为4个基因型（Ⅰ型、Ⅱ型、Ⅲ型和Ⅳ

型）。Ⅰ型 SVCV 和其他基因型的核苷酸序列同源性低于 61%，Ⅱ型主要是来自草鱼 SVCV 株，Ⅲ型包括 PFRV，Ⅳ型包括其他待鉴定的毒株以及过去被认定为 PFRV 的毒株。其中，基因Ⅰ型包含 4 个基因亚型（Ia、Ib、Ic、Id）。目前，越来越多的 SVCV 中国毒株被分离和分析，我国 SVCV 毒株主要属于 Ia 基因亚型。

（二）我国开展鲤春病毒血症国家监测的背景

SVC 最早流行于欧洲、中东和俄罗斯，后来逐步蔓延到美洲和亚洲。1998 年，英国环境、渔业和水产养殖科学研究中心（The Centre for Environment, Fisheries and Aquaculture Science，CEFAS）从进口于中国北京的金鱼和锦鲤中检测到 2 株 SVCV，英国 CEFAS 实验室将其命名为 980528 和 980451 分离株，均属于 Ia 基因亚型。该事件直接导致我国观赏鱼暂停出口欧洲长达 1 年之久，对如火如荼的观赏鱼国际贸易造成巨大影响。2002 年，美国首次在北卡罗来纳州养殖锦鲤和威斯康星州的野生鲤中检测到 SVC，由于发病区域附近养殖有从我国进口的观赏鱼，从而再次引发世界对我国观赏鱼带有 SVCV 的怀疑。然而，由于当时我国并未开展 SVC 监测工作，对全国 SVC 的分布、宿主和死亡率等情况了解不足。由此引发世界各国禁止进口我国观赏鱼的连锁反应，对我国观赏鱼出口造成巨大影响。

为了明确 SVC 在我国的分布情况，我国科研人员对部分地区开展了 SVCV 流行病学调查工作。2003 年，深圳出入境检验检疫局从天津观赏鱼养殖场分离到两株 SVCV（890 和 992 分离株），遗传进化分析表明这两株 SVCV 属于 Ia 基因亚型，且与 980528 和 980451 分离株同源性最高，这也是我国首次从无临床症状的锦鲤和鲤中检测到 SVCV。随后，在北京、天津、上海等多个观赏鱼养殖场均检测到 SVCV，表明 SVC 在中国逐步蔓延。2004 年，江苏省新沂、无锡两地暴发 SVC 疫情，造成的直接经济损失高达 700 万元。随后的跟踪监测，在河南、山东、江苏无锡、天津等地均检测出 SVCV。因此，SVC 的发生和传播对我国水产养殖业，特别是鲤科鱼类的养殖构成极大威胁。

目前，对 SVC 尚缺无效治疗方法。通过连续监测，及早发现并进行隔离或扑杀等，从而抑制该病出现暴发流行，成为防控该病的有效方法。为了掌握 SVC 等水生动物疫病在我国的流行病学特征，保障我国水生动物养殖业和进出口贸易健康发展。2005 年，农业部渔业渔政管理局制定《国家水生动物疫病监测计划》并组织实施。正式拉开了我国水生动物疫病监测的序幕。经过 10 年的监测，获取了大量数据，基本明确了 SVC 在我国的分布、病毒毒力、基因型、易感宿主、流行趋势以及对我国养殖业危害情况等。为制定有效防控措施提供了可靠依据，为保证我国水生动物国际贸易的发展提供保障。

二、2005—2014 年度全国各省开展监测情况

（一）概况

1. 参加 SVC 国家监测工作的省份逐年增加

SVC 国家监测工作已开展长达 10 年，参加该项监测的省（市、区）稳步增加。

2005—2006 年为 8 个，2007 年为 12 个，2008—2013 年为 12～15 个，2014 年监测范围扩大至 18 个（图 1），占全国省（市、区）半数以上。2014 年，陕西、新疆和四川首次参加 SVC 国家监测工作。

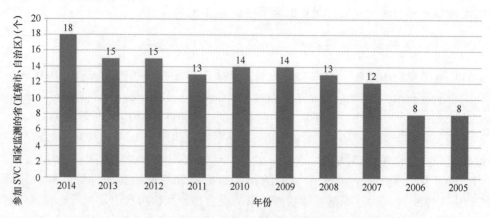

图 1　2005—2014 年参加 SVC 国家监测工作省（市、区）情况

2. 监测样品数量较大，江苏、北京和山东采样量居前三

10 年间，全国共采集 SVC 监测样品 7 814 个，平均每年每省（直辖市、自治区）采样 43.41 个。不同年份 SVC 国家监测采样数量见图 2。2012 年监测样品数量最多，达到 1 057 个。江苏、北京、山东、天津和河北的监测样品总数位居前五（图 3 和图 4）。

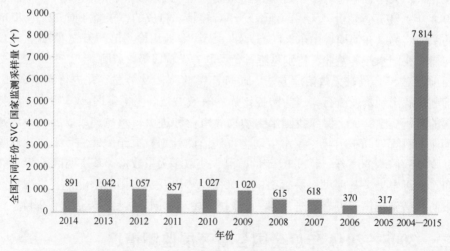

图 2　2005—2014 年 SVC 国家监测采样数量

3. 检出阳性样品 260 个，检出率为 3.33%

10 年间，全国共检出 SVC 阳性样品 260 个，平均阳性检出率为 3.33%

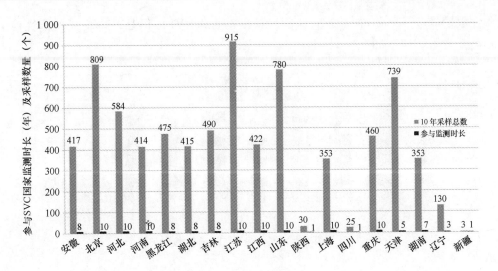

图3　2005—2014年各省SVC国家监测采样数量及累计参加该项工作时间

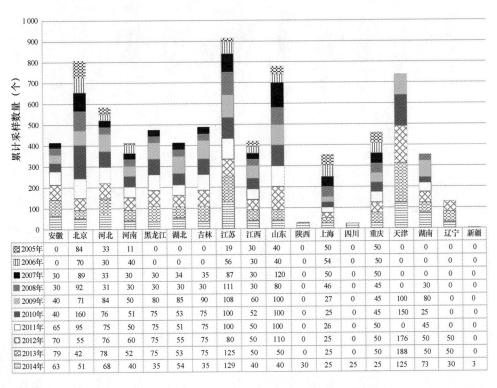

	安徽	北京	河北	河南	黑龙江	湖北	吉林	江苏	江西	山东	陕西	上海	四川	重庆	天津	湖南	辽宁	新疆
2005年	0	84	33	11	0	0	0	19	30	40	0	50	0	50	0	0	0	0
2006年	0	70	30	40	0	0	0	56	30	40	0	54	0	50	0	0	0	0
2007年	30	89	33	30	30	34	35	87	30	120	0	50	0	50	0	0	0	0
2008年	30	92	31	30	30	30	30	111	30	80	0	46	0	45	0	30	0	0
2009年	40	71	84	50	80	85	90	108	60	100	0	27	0	45	100	80	0	0
2010年	40	160	76	51	75	53	75	100	52	100	0	25	0	45	150	25	0	0
2011年	65	95	75	75	75	51	75	100	50	100	0	26	0	50	0	45	0	0
2012年	70	55	76	60	75	55	75	80	50	110	0	25	0	50	176	50	50	0
2013年	79	42	78	52	75	53	75	125	50	50	0	25	0	50	188	50	50	0
2014年	63	51	68	40	35	54	35	129	40	40	30	25	25	25	125	73	30	3

图4　2005—2014年各省（市）SVC监测活动取样数量

（260/7 814）。监测工作伊始，尚有许多不足，需积累经验，且监测范围有限。因此，阳性检出数量较少，分别只有6个和1个，当年阳性检出率也最低，分别为1.89%和0.27%（图5和图6）。2007年起，阳性检出数量和阳性检出率均明显增加，2010年检出阳性数量最多，为40个（图5），阳性检出率为3.89%。但是，2007年的阳性检出率最高，为5.02%（图6）。

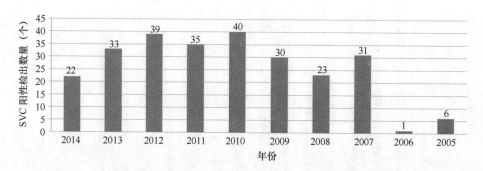

图5 2005—2014年SVC国家监测各年度检出阳性个数

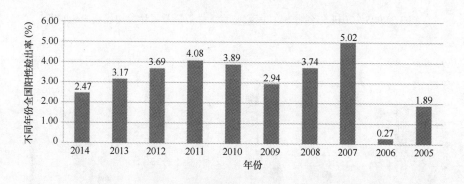

图6 2005—2014年SVC国家监测各年度阳性检出率

4. 西部地区阳性检出率相对较高

SVC阳性检出率在各省（市）高低不同，重庆、四川和新疆西部地区SVC阳性检出率较高，其次为河南、山东、江西、湖北、辽宁、北京、上海、江苏、安徽、黑龙江和天津，详见图3和图7。需要说明的是，四川（20.00%）和新疆（33.33%）是2014年首次参加SVC国家监测，且采样数量有限，需扩大采样数量和监测范围。湖南和陕西未监测到SVC（图7）。

5. 监测覆盖面不断扩大

2005—2014年，共计对4 105个（次）养殖场点进行采样监测。2005年，尝试对89个监测点进行SVC监测。随后，逐年增加监测点设置，2010年监测点数量达到588个。2011—2014年，监测点数量稳定在550个左右（图8和表1）。2009—2014年，参加SVC国家监测的县、区和乡镇数量分别稳定在250个和350个（图9）。

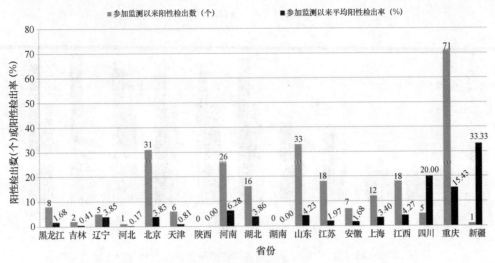

图 7　2005—2014 年 SVC 国家监测不同地区阳性数量及阳性检出率

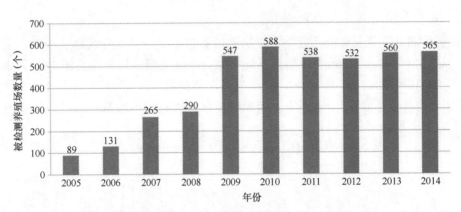

图 8　2005—2014 年 SVC 国家监测不同时间被监测点数量

表 1　2005—2014 年 SVC 国家监测不同类型监测点数量分布

年份	涉及县个数（个）	涉及乡镇个数（个）	监测点类型及数量（个）					合计（个）
			国家级原良种场	省级原良种场	重点苗种场	观赏鱼养殖场	成鱼养殖场	
2005	61	80	9	15	23	5	37	89
2006	84	107	9	23	42	6	51	131
2007	116	177	4	40	40	43	138	265
2008	144	207	5	35	66	60	124	290
2009	227	367	6	58	163	37	283	547
2010	222	333	5	48	157	80	298	588
2011	255	334	6	56	136	58	282	538
2012	247	344	7	68	168	41	248	532
2013	226	381	10	57	160	48	285	560
2014	256	354	14	81	156	71	243	565

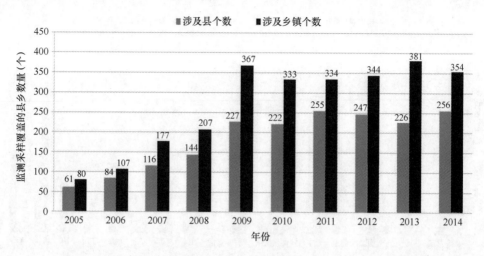

图9 2005—2014年SVC国家监测各年度监测点涉及的县/区/乡镇数量

6. 成鱼养殖场是主要监测对象

全国监测点设置主要包括五类，分别为国家级原良种场、省级原良种场、重点苗种场、观赏鱼养殖场和成鱼养殖场，不同年度各类养殖场采样数量见图10。其中，成鱼养殖场的比例最大，占48.45%，其次为重点苗种场，占27.06%，省级原良种场为11.72%，观赏鱼养殖场占10.94%。国家级原良种场在全国的数量有限，所以占的比例最低，为1.83%（图11）。

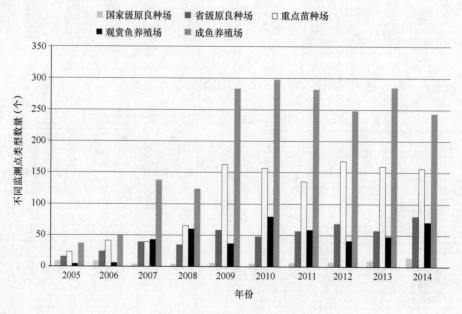

图10 2005—2014年各年度监测点类型数量

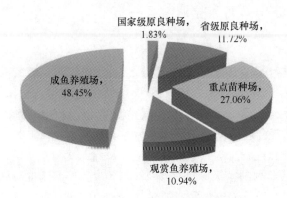

图 11　2005—2014 年监测点各类型比例

7. 鲤是 SVCV 主要宿主

鲤感染 SVC 的比例最高，累计达到 175 个，占 67.31%。其次为锦鲤，为 9.23%，第三为鲫和金鱼，均为 6.15%。值得注意的是，鲫阳性率也较高，此外草鱼、鲢、鳙都有较高的阳性检出率（图 12）。在 10 年的监测过程中，虽然草鱼等阳性率相对较高，但并未发现 SVC 临床病例，均为隐性带毒，作为养殖量较大的"四大家鱼"，这种带毒情况值得关注。

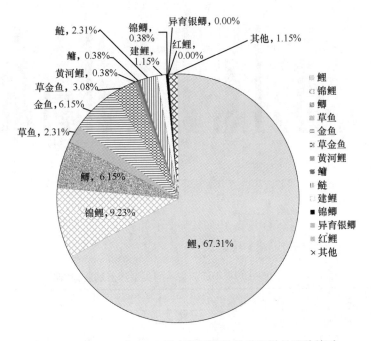

图 12　2005—2014 年 SVC 国家监测阳性检出和样品品种关系

（二）主要省份 SVC 国家监测结果分析

1. 江苏省

江苏省是最早参与 SVC 国家监测的省份之一。10 年间，该省共采样 915 个，SVC 阳性检出 18 个，阳性率为 1.97%。该省 SVC 阳性检出数量占全国的 6.92%，阳性样品涉及鲤、锦鲤、金鱼、鲫、锦鲫、鲢和其他观赏鱼。其中，鲤的阳性检出率较高。另外，该省监测点设置合理，以重点苗种场为主。

（1）江苏省监测点配置合理，重点苗种场采样量最大

10 年间，该省共监测国家级原良种场 42 个（次）（占该省采样量的 4.59%）、省级原良种场 200 个（次）（占该省采样量的 21.86%）、重点苗种场 282 个（次）（占该省采样量的 30.82%）、204 个观赏鱼养殖场（次）（占该省采样量的 22.30%）和 187 个成鱼养殖场（次）（占该省采样量的 20.44%）进行了 SVC 监测。由此可见，江苏省对苗种场监测力度较大，历年监测点类型占比见图 13 和表 2。

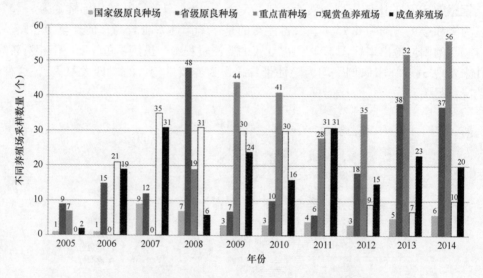

图 13　2005—2014 年江苏省不同类型监测点采集样品的数量

2005—2014 年，该省采样量在 19~125 个不等。2014 年采样量最多，达到 129 个，占 10 年间总采样量的 14.10%（表 2）。

表 2　2005—2014 年江苏省不同类型养殖场监测情况

采样时间（年）	监测点类型及数量（个）					当年采样数（个）	各年采样占比（%）
	国家级原良种场	省级原良种场	重点苗种场	观赏鱼养殖场	成鱼养殖场		
2005	1	9	7	0	2	19	2.08
2006	1	15	0	21	19	56	6.12

续表

采样时间 （年）	监测点类型及数量（个）					当年采样 数（个）	各年采样 占比（%）
	国家级原 良种场	省级原 良种场	重点苗 种场	观赏鱼 养殖场	成鱼 养殖场		
2007	9	12	0	35	31	87	9.51
2008	7	48	19	31	6	111	12.13
2009	3	7	44	30	24	108	11.80
2010	3	10	41	30	16	100	10.93
2011	4	6	28	31	31	100	10.93
2012	3	18	35	9	15	80	8.74
2013	5	38	52	7	23	125	13.66
2014	6	37	56	10	20	129	14.10
该类监测点 总数（个）	42	200	282	204	187		
该类监测点 占比（%）	4.59	21.86	30.82	22.30	20.44		

（2）江苏省对鲤的监测采样量最大

江苏省以鲤为主要监测对象，包括鲤、锦鲤、金鱼、鲫、锦鲫、草鱼、鲢、建鲤、团头鲂、银鲫。其中，鲤的采样最多，达到379个（表3），占10年采样量的41.42%。其次为鲫、金鱼和锦鲤，采样量分别占10年采样量的13.55%、11.48%和11.91%。团头鲂的采样量占比最低，仅为1.09%（图14）。

表3 江苏省SVC国家监测采样时间和采样品种的关系

时间 （年）	样品种类（个）										
	鲤	锦鲤	金鱼	鲫	锦鲫	草鱼	鲢	建鲤	团头鲂	银鲫	其他
2005	19	0	0	0	0	0	0	0	0	0	0
2006	10	9	10	14	4	1	1	0	0	0	0
2007	21	17	9	3	3	6	0	14	2	4	8
2008	61	10	8	12	0	0	0	0	5	4	22
2009	50	18	22	11	6	0	0	10	1	1	10
2010	40	16	15	8	1	0	0	0	1	1	1
2011	30	15	12	15	1	5	0	8	1	1	4
2012	35	4	9	11	1	3	1	4	0	0	12
2013	53	9	11	31	1	5	5	0	0	0	10
2014	60	11	9	19	2	10	6	0	0	10	2

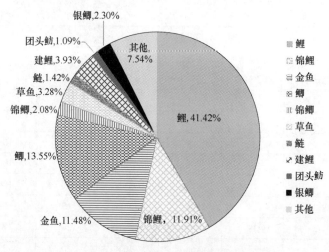

图14 2005—2014年江苏省采样品种和比例

（3）江苏阳性检出率低于全国平均检出率，鲤是最易感动物

10年间，江苏省共计监测到SVC阳性样品18个，阳性检出率为1.97%（18/915），主要涉及鲤、锦鲤、金鱼、锦鲫、鲫和其他观赏鱼。其中，鲤10个、锦鲤2个、金鱼1个、其他观赏鱼2个、鲫1个、鲢1个和锦鲫1个（图15）。2005—2014年，江苏省不同监测品种与SVC阳性检出率的关系见图16。

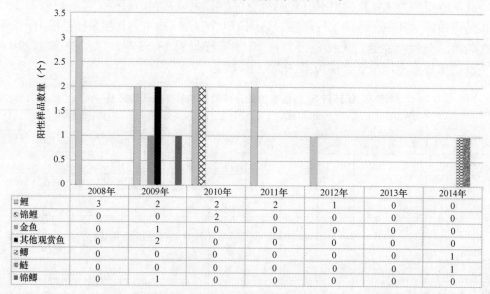

	2008年	2009年	2010年	2011年	2012年	2013年	2014年
鲤	3	2	2	2	1	0	0
锦鲤	0	0	2	0	0	0	0
金鱼	0	1	0	0	0	0	0
其他观赏鱼	0	2	0	0	0	0	0
鲫	0	0	0	0	0	0	1
鲢	0	0	0	0	0	0	1
锦鲫	0	1	0	0	0	0	0

图15 2005—2014年江苏省SVC阳性样品检出数量与监测品种的关系

2008年，在该省首次监测到SVC，之后不断有阳性检出。其中，2008年3个、2009年6个、2010年4个、2011年2个、2012年1个、2014年2个（图15）。基于历年的监测结果，该省SVC发病仍以点状发病为主，大多数SVC阳性监测点未发生临床

病例，被监测对象通常为病原携带者。

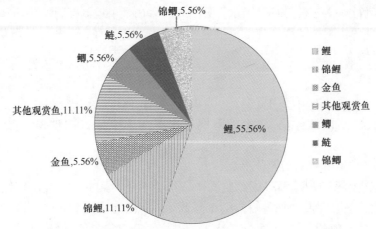

图16　2005—2014年SVC国家监测江苏省监测品种与阳性检出率的关系

（4）省级原良种场SVC检出率最高

10年间，该省从省级原良种场、重点苗种场、观赏鱼养殖场和成鱼养殖场监测到SVC。其中，省级原良种场SVC的阳性率最高，达到3.68%（图17），说明苗种是该省SVCV主要传染源，应该引起当地水产养殖管理部门和养殖场的高度重视。遗憾的是，采样过程中，对样品的规格以及用途没有进行描述，无法进一步分析。

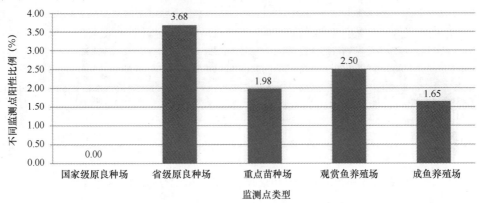

图17　2005—2014年SVC国家监测江苏省阳性样品与监测点类型的关系

（5）小结

江苏省监测点设置合理，以重点苗种场为主，SVC阳性检出率低于全国平均检出率，但SVC防控不容乐观。第一，多种鱼类携带SVCV，且阳性监测点主要集中在省级原良种场和重点苗种场。如果省级原良种场为养殖场提供苗种，这将对江苏省水产养殖业造成潜在危险。第二，由于江苏省数据中多数没有对其采集样品的用途和规格进行描述，无法判定阳性样品是用于种用还是养殖，进而无法做进一步分析。最后，江苏省没有提供阳性样品的SVC基因序列，无法对其阳性样品的基因型和遗传进化进行分析。分子流行病学分析是从基因水平分析SVCV在某个地区流行、传播和进化的重要手段，建议今后将阳性基因序列汇总给参考实验室，进行详细分析，进而掌握SVCV在我国的流行趋势。

2. 上海市

上海市以观赏鱼养殖场为监测重点，10年采样353个，采样量占全国总采样量的4.52%。共监测到阳性样品12个，阳性检出率为3.40%，阳性检出数量占全国的4.62%，阳性样品主要为金鱼、锦鲤和鲤。

（1）以观赏鱼养殖场为监测重点

10年间，上海市采集SVC国家监测样品共353个。其中，涉及国家级原良种场采样13个（次），省级原良种场采样42个（次），重点苗种场40个（次），观赏鱼养殖场183个（次），成鱼养殖场75个（次）。观赏鱼养殖场采样比例最高（51.84%），其次为成鱼养殖场（21.25%）。上海市不同时间在不同类型养殖场采样数量见图18。

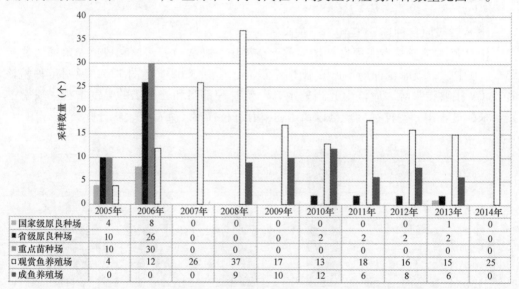

	2005年	2006年	2007年	2008年	2009年	2010年	2011年	2012年	2013年	2014年
国家级原良种场	4	8	0	0	0	0	0	0	1	0
省级原良种场	10	26	0	0	0	2	2	2	2	0
重点苗种场	10	30	0	0	0	0	0	0	0	0
观赏鱼养殖场	4	12	26	37	17	13	18	16	15	25
成鱼养殖场	0	0	0	9	10	12	6	8	6	0

图18　2005—2014年SVC国家监测上海市不同类型监测点采样数量

（2）金鱼等观赏鱼是其主要监测对象

上海市对其辖区的鲤、锦鲤、金鱼、鲫、草鱼、鲢、团头鲂、银鲫、红鲤等进行了SVC监测。其中，观赏鱼采样量最大，为211个，占59.8%（211/353），其他鱼类占40%，详见图19。

10年间，上海共采集锦鲤74个（20.96%）、金鱼129个（36.54%）、鲤45个（12.75%）、鲫4个（1.13%）、草鱼33个（9.35%）、鲢14个（3.97%）、团头鲂17个（4.82%）、银鲫16个（4.53%）、红鲤3个（0.85%）以及其他鱼类18个（5.10%），详见图20。

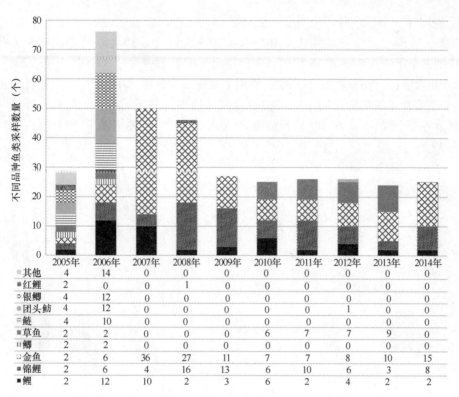

	2005年	2006年	2007年	2008年	2009年	2010年	2011年	2012年	2013年	2014年
其他	4	14	0	0	0	0	0	0	0	0
红鲤	2	0	0	1	0	0	0	0	0	0
银鲫	4	12	0	0	0	0	0	0	0	0
团头鲂	4	12	0	0	0	0	0	1	0	0
鲢	4	10	0	0	0	0	0	0	0	0
草鱼	2	2	0	0	0	6	7	7	9	0
鲫	2	2	0	0	0	0	0	0	0	0
金鱼	2	6	36	27	11	7	7	8	10	15
锦鲤	2	6	4	16	13	6	10	6	3	8
鲤	2	12	10	2	3	6	2	4	2	2

图 19　2005—2014 年上海市 SVC 国家监测品种和采样量关系

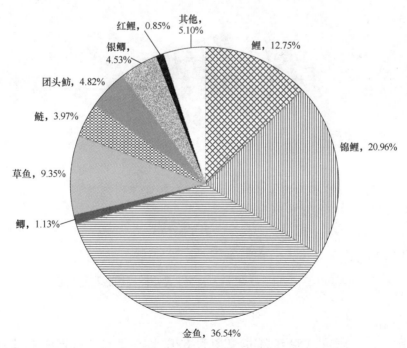

图 20　2005—2014 年上海市不同品种鱼类占总采样量的百分比

（3）阳性检出率略高于全国平均检出率

2005—2014 年，上海地区共检出 SVC 阳性样品 12 个，10 年平均阳性率为 3.40%，阳性样品占全国的 4.62%。其中，2007 年检出 SVC 阳性 4 个、2008 年 1 个、2009 年 1 个、2010 年 1 个、2013 年 1 个、2014 年 4 个（图 21）。除 2013 年的 1 个阳性检出外，其余 11 个阳性样品均由深圳出入境检验检疫局检出（占 91.7%）。在 12 个阳性样品中，鲤苗种 2 个（占 16.67%）、锦鲤 3 个（占 25.00%）和金鱼 7 个（占 58.33%），详见图 22。

该市 SVC 阳性监测点主要为观赏鱼养殖场，其次为成鱼养殖场。苗种场未监测到 SVC（图 23）。

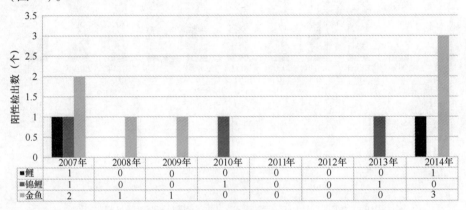

图 21　2005—2014 年 SVC 国家监测上海市不同年份 SVC 阳性检出数

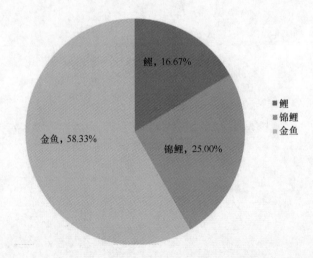

图 22　2005—2014 年 SVC 国家监测上海市阳性样品与品种关系

（4）小结

综上所述，上海市以观赏鱼养殖场为 SVC 监测重点，占该省监测点类型的

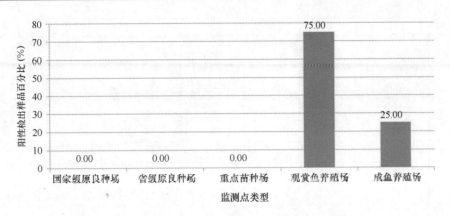

图 23　2005—2014 年上海市阳性样品与监测点类型之间的关系

59.8%，苗种场的采样量有待加强。上海市的监测宿主范围比较广泛，涉及锦鲤、鲤、银鲫等 10 余种鱼类，这有利于明确 SVC 易感宿主以及不同鱼类携带 SVC 的风险。2005—2014 年，上海所有阳性检测几乎均集中于观赏鱼养殖场，这与该市商业养殖模式有关。上海是我国观赏鱼出口的重要口岸之一，加强观赏鱼养殖场连续监测，对保障上海市观赏鱼国际贸易具有重要意义。

3. 江西省

10 年间，江西共采集 SVC 监测样品 422 个，占全国的 5.40%，成鱼养殖场是其主要监测对象，鲤、草鱼和鲫是主要监测种类，共检出阳性样品 18 个，阳性检出数占全国的 6.92%。该省鲫感染 SVCV 的阳性率最高，且国家级原良种场、省级原良种场和重点苗种场中均检出 SVC。

（1）监测点分配合理，成鱼养殖场采样量最高

江西省是最早参加 SVC 国家监测的省份之一。2005—2014 年，江西省设置监测点共计 269 个，覆盖县 216 个（次），乡镇 294 个（次），涵盖国家级原良种场 24 个（次）、省级原良种场 58 个（次）、重点苗种场 52 个（次）、观赏鱼养殖场 41 个（次）、成鱼养殖场 247 个（次）（表 4），不同类型养殖场采样量占该省 10 年总采样量的 5.69%、13.74%、12.34%、9.72% 和 58.53%。2005—2014 年江西省不同类型养殖场 SVC 监测采样数量关系见图 24。可见，江西省重点对成鱼养殖场进行了监测，也兼顾了苗种场和观赏鱼场。

表 4　江西省 SVC 国家监测采样时间和采样品种的关系

采样时间（年）	监测点类型及数量（个）					当年采样数（个）	各年采样占比（%）
	国家级原良种场	省级原良种场	重点苗种场	观赏鱼养殖场	成鱼养殖场		
2005	4	4	12	0	10	30	7.11
2006	7	1	10	0	12	30	7.11

续表

采样时间 （年）	监测点类型及数量（个）					当年采样数 （个）	各年采样 占比（%）
	国家级原 良种场	省级原 良种场	重点 苗种场	观赏鱼 养殖场	成鱼 养殖场		
2007	0	0	0	30	0	30	7.11
2008	0	0	0	0	30	30	7.11
2009	0	12	0	4	44	60	14.22
2010	0	8	0	2	42	52	12.32
2011	1	7	0	0	42	50	11.85
2012	1	0	14	2	33	50	11.85
2013	3	2	16	3	26	50	11.85
2014	8	24	0	0	8	40	9.48
该类监测点 总数（个）	24	58	52	41	247	422	
该类监测点 占比（%）	5.69	13.74	12.32	9.72	58.53		

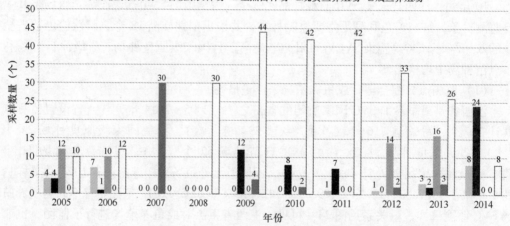

图24 2005—2014年SVC国家监测江西省不同类型监测点采样数量

（2）以鲤、草鱼、鲫为主要监测对象

2005—2014年，江西省采集样品422个，品种涵盖鲤、锦鲤、金鱼、鲫、彭泽鲫、草鱼、鲢、鳙、红鲤等。鲤、草鱼、鲫、红鲤、鲢鳙、彭泽鲫、锦鲤和其他鱼类的采样数占10年采样总数的比例分别为29.38%、30.09%、27.96%、4.03%、2.84%、2.84%、1.18%和1.66%，详见图25。

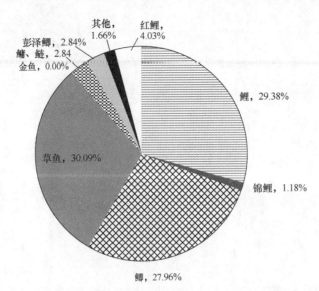

图 25　2005—2014 年 SVC 国家监测江西省采样品种与采样数量关系

（3）阳性检出率略高于全国平均水平，鲫感染率最高，SVCV 在苗种场流行

10 年间，该省共检测到 SVC 阳性样品 18 个，阳性率为 4.27%，占全国 SVC 总阳性数的 6.92%。其中，2007 年检出 SVC 阳性 2 个，2010 年 4 个，2012 年 4 个，2013年 5 个，2014 年 3 个。在江西，鲫感染 SVCV 阳性率最高，占该省 10 年阳性率的66.67%（12/18），其次为草鱼 16.67%（3/18）、锦鲤 11.11%（2/18）、鲤 5.56%（1/18），详见图 26。

表 5　2005—2014 年江西省不同类型养殖场 SVC 阳性检出情况（次）

采样时间 （年）	国家级原良种场	省级原良种场	重点苗种场	观赏鱼养殖场	成鱼养殖场
2007	0	0	0	2	0
2010	0	1	0	0	3
2012	1	0	1	0	2
2013	0	1	0	0	4
2014	0	1	0	0	2
合计	1	3	1	2	11

应引起重视的是，江西省于 2012 年从国家级原良种场（彭泽县彭泽鲫良种场）养殖的鲫幼鱼中检测到 SVC。随后，先后从 3 个省级原良种场和 1 个重点苗种场检测到SVC（表 5），对该省鲫和鲤等苗种的供给安全造成极大危险。该省成鱼养殖场 SVC 阳性数量最多（图 27），为 11 个。

（4）小结

江西省监测点设置合理，包括不同类型的养殖场。监测的鱼类品种也较为丰富，涉及鲤、锦鲤、金鱼、鲫、彭泽鲫、草鱼、鲢、鳙、红鲤等。这为该省 SVC 监测取得

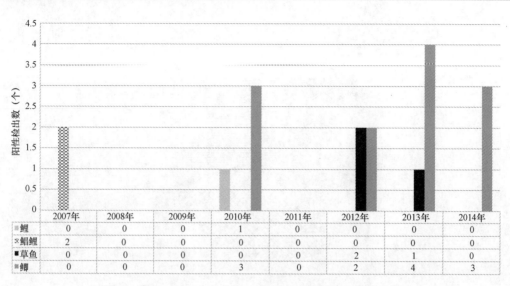

	2007年	2008年	2009年	2010年	2011年	2012年	2013年	2014年
▨ 鲤	0	0	0	1	0	0	0	0
⊠ 鲴鲤	2	0	0	0	0	0	0	0
■ 草鱼	0	0	0	0	0	2	1	0
▩ 鲫	0	0	0	3	0	2	4	3

图26　2005—2014年江西省SVC阳性样品数与监测品种关系

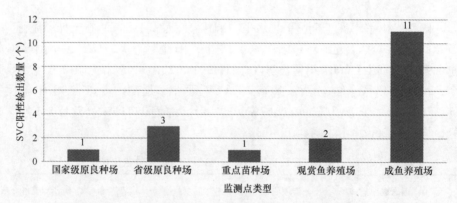

图27　2005—2014年江西省SVC阳性样品量与养殖场种类之间的关系

好的结果奠定了基础。

　　SVC在江西省分布较为广泛，并且2012—2014年均有SVC阳性检测报告，阳性个数占全国总阳性个数的3.21%，防控形势不乐观。虽然该省SVC阳性主要集中于成鱼养殖场，但是国家级、省级原良种场和重点苗种场均被检出SVC，这极大地增强了SVC通过苗种在该省进行传播的预期。另外，江苏省鲫感染SVC阳性率较高，而2012年从该省国家级原良种场（彭泽县彭泽鲫良场）养殖的鲫幼鱼中检测到SVC，进一步提高了SVC通过苗种在该省扩大传播。

　　（三）连续2年（2013—2014年）以上设置为监测点的相关情况

　　1. 2014年SVC国家监测概况

　　（1）采样温度和时间

　　按照2014年监测计划要求，监测采样时间应设立在春季，根据当地水温（10～

20℃）采样。全国 SVC 监测采样集中于春季，占当年总采样量的 69.00%，17% 在秋季，还有部分样品采自立夏初期，约占 14.00%。全国记录了采样温度的样品为 891 个，多数能够在规定温度内采样。

（2）2014 年，SVC 监测点类型

包括国家级原良种场 14 个，省级原良种场 81 个，重点苗种场 156 个，观赏鱼养殖场 71 个，成鱼养殖场 243 个（图 28）。

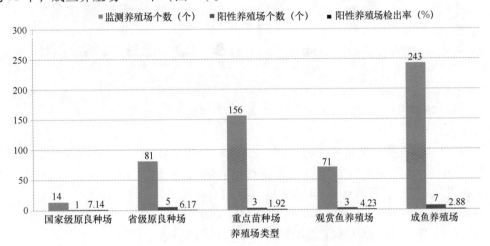

图 28　2014 年 SVC 国家监测点类型和阳性检出关系

（3）2014 年 SVC 国家监测阳性检出情况

除新疆维吾尔自治区外，其余 17 省份均圆满完成采样工作。其中，北京、天津、河北、上海、江苏、江西、湖北、四川和新疆共计 9 个省（市）检出 SVC 阳性，阳性省（市）占参加监测省（市）的 50%。全年共检出 SVC 阳性样品 22 份，阳性检出率为 2.47%（22/891）（图 29）。阳性样品涉及锦鲤、鲤、鳙、金鱼、鲫和鲢等。

（4）2014 年不同类型养殖场 SVC 监测结果

2014 年，全国共检出 SVC 阳性样品 22 份，涉及国家级原良种场 1 个，省级原良种场 5 个，重点苗种场 3 个，观赏鱼养殖场 3 个，成鱼养殖场 7 个，并且同一养殖场监测到多个 SVC 阳性的现象较为常见。阳性养殖场分布于 9 个省（市、区），阳性养殖场点检出率和阳性样品检出率详见图 29。2014 年阳性检出养殖场点详细结果如下：

1 个 SVC 阳性样品来自国家级原良种场，养殖场位于天津市（阳性国家级良种场数量/该省本年度监测的国家级良种场数量 = 1/1）。

5 个 SVC 阳性样品来自省级原良种场，涉及 3 个省份（阳性省级良种场数量/该省本年度监测的省级良种场数量），分别为四川（2/4）、江苏（2/14）和江西（1/13）。

5 个 SVC 阳性样品来自观赏鱼养殖场，涉及 5 个省（市）[阳性观赏鱼养殖场数量/该省（市、区）本年度监测的观赏鱼数量]，分别为北京（1/37）、上海（2/11）。

3 个 SVC 阳性样品来自重点苗种场，该样品来源于四川省 [阳性重点苗种场数量/该省（市、区）本年度监测的重点苗种场数量 = 3/8]。

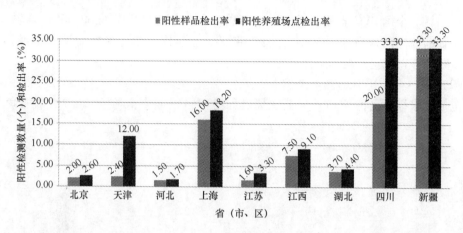

图29　2014年9个阳性省（市、区）的阳性养殖场点检出率和阳性样品检出率

8个SVC阳性样品来自成鱼养殖场，涉及3个省（市、区）[阳性成鱼养殖场数量/该省（市、区）本年度监测的成鱼养殖场数量]，分别为江西（1/5）、河北（1/46）、湖北（2/35）、新疆（1/3）和天津（2/20）。

（5）2014年各省（市、区）阳性检出具体分析

2014年SVC国家监测共检出阳性22个。具体情况分析如下：

北京检出阳性1个。样品为锦鲤，养殖场位于北京市房山区大石河西南侧，现有养殖水面5亩（土池塘）。2010年6月养殖锦鲤至今。从北京通州鑫淼养殖场引进水花。由于该养殖场位于大石河沿岸，受2012年7月21日洪水灾害影响，渔场部分设施被冲毁，大石河上游（河北省）洪水冲下的鱼与该渔场混合。据养殖户介绍，7月21日过后不断出现锦鲤死亡现象，受外来因素影响，污染该渔场环境（水环境、鱼混合）以及在该场监测到SVC，推断导致锦鲤死亡的主要原因为鲤春病毒病。北京采取以下措施进行控制：①全场封闭管理，加强消毒；②病死鱼深埋处理并用生石灰掩埋；③剩余锦鲤已责令销毁严禁出售。

天津检出阳性3个。阳性样品为鲤和鳙，分别来自西青畜牧水产局良种试验基地、武清区渔乐缘水产养殖专业合作社、宁河县换新水产良种场。其中西青畜牧水产局良种试验基地和武清区渔乐缘水产养殖专业合作社均是成鱼养殖场。宁河县换新水产良种场是国家级原良种场。无疫情调查结果以及处理措施方面的信息。

河北检出阳性1个。阳性样品为鲤，来自香河同泰观赏鱼养殖基地，该场处于白洋淀附近。在收到阳性结果后，河北站立即上报省厅有关领导，同时通知有关市站领导。亲自或委托有关市站组织开展阳性场点现场调查工作，主要调查内容为生产规模与模式、苗种或亲本数量与来源、生产过程中疫病及损失情况，指导各有关单位采取以下防控措施：①明确疫病区域，采取隔离措施，禁止鱼或虾苗种、成体及生产工具养殖场间流动，防治疫病的传播；②对疫病症状明显、危害严重的病鱼、病虾，坚决采取销毁措施；③对养殖池采取封闭措施，禁止池水外排；④对残存个体采取投喂免疫增强剂、施用水质调节剂及消毒剂、抗病药物等措施，提高成活率，减少生产损失。

⑤加强疫病监测，随时了解疫病情况，适时结束封闭控制。

新疆检出阳性1个。阳性样品为鲤，来自新疆乌昌地区新市区60户乡，该样品在送检时已经出现病症（不明显）、濒死状态，规格在150～200克，为1龄鱼种。附近池塘已出现死亡。现场测定并调取池塘管理记录，表层水温为14～17℃。这是2014年唯一一批出现临床症状及死亡的监测样品。在收到阳性结果后，立即按照程序上报区水产局。并开展了疫病调查，调查结果表明养殖场本身并不生产鲤苗种，所养鲤苗种采购区外。

上海检出阳性4个。阳性样品为金鱼和鲤。分别来自上海久逸水族科技开发有限公司和上海锦洋观赏鱼有限公司。这两个渔场均为观赏鱼养殖场。上海市站病防科在接到阳性通知的第一时间就上报市水产办副主任和相关主管人员，并立即发放"流行病学调查表"，指导、协助相关区县渔业行政主管部门和执法部门，按照动物防疫工作要求，及时做好善后处理工作。避免疫情发生或扩散。

江苏检出阳性2个。阳性样品为鲫和鲢，分别来自无锡市惠山鱼种场和未来水产苗种场。在收到阳性结果后，江苏省站及时通知送样单位或个人同时上报江苏省海洋与渔业局，上级领导高度重视，并作了重要批示，要求"采取切实措施、控制扑杀疫病"；同时省局向阳性检出地当地渔业主管部门和政府进行了疫情通报。接到疫情通报后，地方渔业主管部门高度重视，及时启动了水生动物疫情应急预案，采取扑杀、消毒等防控措施。对阳性检出塘口进行监控，切断与外界水生动物的进出，对水体进行消毒。按照省局领导的批示，省中心会同当地渔业主管部门和水生动物疫病预防控制机构开展了疫病溯源调查工作。通过溯源，查清了疫源，并提出了下一步防疫措施。并在下半年对阳性养殖场进行了再一次的抽样检测。

湖北检出阳性2个。阳性样品均为鲤，分别来自潜江市白鹭湖农场西大垸水产公司和松滋市南海水产养殖场。在取得检验报告后，省站第一时间电话通知SVC阳性采样单位，并派人前往阳性点进行流行病学调查和病原溯源工作。

江西检出阳性3个。阳性样品均为鲫，分别来自景德镇市乐平市的共产主义水库养殖公司（省级原良种场）和吉安市安福县洲湖镇南洋养鱼专业合作社（成鱼养殖场）。在得到阳性结果后，江西省站立即认真核查阳性样本的送样编号，得出采样单位，出具阳性样本报告后通知当地水产站进行采样池塘调查，落实情况，并寄送《水生动物疫病防治技术》一书，并即时上报省渔业主管部门。地方防疫站接到检验结果后，立刻到所采样池塘进行调查，发现养殖池塘未发生重大病害，未造成经济损失，因此要求养殖场（户）对养殖池塘的鱼进行严格监控，在后续的养殖过程中做好病害防治与监测工作，养殖的鱼只可作商品鱼销售，不许销售到其他水域再进行养殖，年终干池后必须全面干塘清塘消毒。

四川检出阳性5个。阳性样品为锦鲤、鲤和建鲤，分别来自富顺现代渔场、富顺县鱼种站、江油市绿溪特种水产养殖场、安岳县明星水产专业合作社和安岳县鱼种站。其中富顺县鱼种站、江油市绿溪特种水产养殖场和安岳县鱼种站均为省级原良种场，富顺现代渔场为重点苗种场。无疫情调查结果以及处理措施方面的信息。

2. 2013 年 SVC 国家监测概况

2013 年 2 月 19 日，农业部发布了《2013 年国家水生动物疫病监测计划》。按照计划要求，在全国 15 个省（市、区）包括：黑龙江、吉林、辽宁、北京、天津、河北、河南、山东、上海、江苏、湖北、安徽、湖南、江西、重庆开展了 SVC 国家监测。实际采集样品 1 402 个，见表 6。

表 6 2013 年 SVC 监测全国不同省（市、区）计划采样数（个）

安徽	北京	河北	河南	黑龙江	湖北	吉林	江苏	江西	山东	上海	重庆	天津	湖南	辽宁
79	42	78	52	75	53	75	125	50	50	25	50	188	50	50

2013 年年底，参加 SVC 国家监测的省（市、区）均圆满完成采样，实际采样 1 042 份，2013 年不同省（区、市）SVC 国家监测采样情况见图 30。有 9 个省（市）检出阳性（北京、天津、辽宁、上海、江西、山东、河南、湖北和重庆），共检出阳性样品 33 个，阳性省（市）占参加监测省（市、区）的 60%，全年阳性样品检出率为 3.17%。

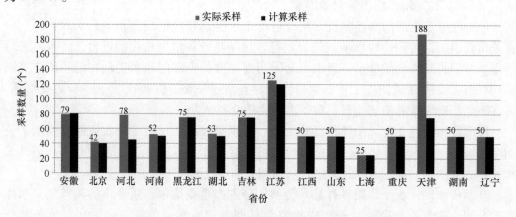

图 30 2013 年 SVC 国家监测不同省（市、区）采样数量和阳性检出数量

2013 年，SVC 国家监测涉及 506 个（次）监测点。其中，国家级原良种场 10 个（次），省级原良种场 57 个（次），重点苗种场 106 个（次），观赏鱼养殖场 48 个（次），成鱼养殖场 285 个（次）。33 个阳性样品中，7 个来自省级原良种场，9 个来自重点苗种场，2 个来自观赏鱼养殖场，15 个来自成鱼养殖场。阳性样品涉及鲤、鲫、草鱼和锦鲤。

2013 年，检出 SVC 阳性样品 33 个，对 16 个样品进行了测序，分别为北京 1 株、河南 7 株、重庆 3 株和江西 5 株。其余 17 株未进行测序或未提供测序结果，因此，无法进行分子流行病学分析。初步测序和序列分析结果表明，2013 年 SVC 分离株均属于 Ia 型。

具体分析如下：

辽宁检出 5 个阳性。阳性样品均为鲤，分别来自沈阳市纯友水产养殖有限公司、辽阳县黄泥洼镇兴大养殖场、辽阳灯塔古城街道张泽东养殖场、辽阳灯塔张台子镇天河渔场和阳灯塔张台子镇天河渔场。除辽阳灯塔古城街道张泽东养殖场外，其余 4 个场均为省级原良种场。在收到阳性结果后，该省立即组织专家会商，研究处理方案，并及时上报省海洋与渔业厅、报全国水产技术推广总站病防处。同时采取以下措施：①立即调研阳性样品养殖规模、鱼种来源等基本情况，登记造册，建立档案；②对达到商品规格的鲤鱼马上组织销售；③对养殖用水和养殖对象采取严格隔离措施，疫区动物做到里不出、外不进；④对疫区池塘、工具进行彻底消毒；⑤做好养殖户工作，跟踪监测，对该点加强监测。

北京检出 1 个阳性。阳性样品为草金鱼，来自顺义区后沙峪镇董各庄村董各庄渔场。该渔场养殖面积 30 亩，养殖品种为锦鲤和金鱼，苗种自繁，养殖鱼类没有疾病临床症状，没有发生鱼类大量死亡情况。北京站采取以下措施进行防控：①对该阳性养殖场组织并采取消毒措施，对池塘水、渔具等设施进行消毒处理；②严密观测该渔场及其周边渔场的情况，一旦出现不明原因的死鱼及时抽样检测；③进一步加大水生动物重大疫病监测力度和强度，扩大跟踪调查的范围。

河南检出 7 个阳性。阳性样品均为鲤，分别来自新乡市封丘县绿萌生态养殖专业合作社、新乡市延津县柳青水产养殖有限公司、周口市水产站试验场 6 号、周口市郸城县渔场、洛阳市吉利区冶水村南杨小六渔场、洛阳市吉利区冶水村南恒瑞水产养殖有限公司和三门峡市陕县石门渔场。其中，新乡市延津县柳青水产养殖有限公司、周口市水产站试验场 6 号、周口市郸城县渔场和三门峡市陕县石门渔场是重点苗种场，其余 3 个是成鱼养殖场。收到阳性结果后，河南省省站高度重视，第一时间上报给上级主管部门河南省农业厅水产局，由省水产局做出相应处理，采取隔离、消毒措施。

山东检出 6 个阳性。阳性样品均为鲤，分别来自济宁市梁山县淡水养殖试验场、鱼台县鲜安渔业公司、鱼台县依水养鱼合作社、东平县第一淡水养殖试验场、东平县第二淡水养殖试验场。其中东平县第一淡水养殖试验场是省级原良种场，其余均为成鱼养殖场。收到阳性报告后，山东省依据《水生动物疫病应急预案》，启动相关工作程序，由当地区渔业主管部门对阳性样品养鱼池进行暂时封存，对检出阳性样品的鱼池进行密切监控，禁止该养殖场鲤鱼扩散出场。由于出具阳性检测报告时，池塘水温已经超过 20℃，不具备复检条件，因此未对阳性养殖场进行 SVCV 复检，后期观察该池塘鱼种也未发病。

上海检出 1 个阳性。阳性样品为锦鲤，来自上海青浦区赵巷普科水产养殖专业合作社，为观赏鱼养殖场。接到阳性报告（正本）后，上海有关部门组成专项调查小组，进行调查。本次抽检 SVC 阳性苗种为自繁自育，主要销往浙江，养殖生产中只使用漂白粉，养殖生产日志记录情况良好。4 月份抽样时存塘量 400～500 千克（抽样时正值销售季节，大部分已经销售），抽样后 4 月 25—28 日养殖品种已经卖完。调查人员到现场时鱼塘已经干塘，据该合作社社长反映，销售对象主要为浙江地区散户。鉴于上述情况，调查小组立即组织现场消毒，在塘底和剩余水体中施用二氯异氰尿酸钠消毒剂，并告知该合作社负责人未经允许剩余养殖水不得外排。根据该合作社社长提供的联系方式，依次电话询问购买方的养殖情况，得知均未出现发病现象。6月6日，调查小组再次到养殖场调查消毒情况，告知合作社负责人养殖水体可以外排，干塘后需再次消毒，并曝晒2周以上，并与合作社签订承诺书，承诺2年内该塘不得再养殖锦鲤品种，由镇农业综合服务中心负责监管。

湖北检出3个阳性。阳性样品为鲤，分别来自钟祥市南湖渔场和浠水县水产良种场，其中钟祥市南湖渔场是成鱼养殖场，浠水县水产良种场是省级原良种场。接到阳性报告后，省鱼病防治中心按快报方式向全国水产技术推广总站和省水产局报告，并于第一时间派技术人员与当地县级病防站一起对阳性样品采样地进行实地调查，开展流行病学调查和病原溯源工作。要求对同池的鱼进行隔离、消毒，并禁止用于养殖目的的流通，必要时进行扑杀和无害化处理，并对池塘、生产工具等进行彻底消毒净化。

江西检出5个阳性。阳性样品有4个为鲫，1个为草鱼。分别来自广丰县江西信江特种水产开发有限公司、江西省吉安县桐坪养鱼合作社、信丰县袁从财养殖场、新建县联圩鱼种场和江西省安福县洲湖镇南汪养鱼专业合作社。其中，广丰县江西信江特种水产开发有限公司为省级原良种场，其余均为成鱼养殖场。在接到阳性报告后，该省相关部门立即认真核查阳性样本的送样编号，通知当地水产站进行采样池塘调查，落实情况，并寄送《水生动物疫病防治技术》一书，对采取的措施及时回复我中心，并即时上报省渔业主管部门。当地防疫站接到检验结果后，立刻到所采样池塘进行调查，发现养殖池塘未发生重大病害，也未造成经济损失。鉴于此情况，要求养殖场（户）对养殖池塘的鱼进行严格监控，在后续的养殖过程中做好病害防治与监测工作，养殖的鱼只可作商品鱼销售，不许销售到其他水域再进行养殖，年终干池后必须全面干塘清塘消毒。此项工作引起了当地主管部门和养殖户的高度重视，当地主管部门加强苗种来源、销售的可追溯性调查，并将发生阳性养殖场（户）作为来年重点监测对象，以防止该疫病的发生与流行蔓延。

重庆检出3个阳性。阳性样品均为鲤，分别来自涪陵李渡街道夏光文渔场3号池、大足区龙水镇桥亭村谢云灿2号池和大足区龙水镇桥亭村谢云灿1号池。这3个渔场均为成鱼养殖场。在接到阳性报告后，相关部门向市农委进行了汇报，对所采样的池塘进行了应急处置。通过处理没有引发大量死亡现象，只出现了少量的烂鳃病，死亡率不到5%。已经落实养殖场2年内不再养殖鲤，对发病养殖场进行专项监测。

天津检出2个阳性。阳性样品分别为鲫和鲢，均来自天津市振兴淡水鱼养殖专业合作社，该场是成鱼养殖场。相关防疫工作人员到振兴淡水鱼养殖专业合作社采取紧急防控措施，防止疫情扩散。并在静海县良王庄乡良三村召开现场工作会议，专题讨论提出应急处置方案和防控技术措施。

3. 2013—2014年全国连续监测2年养殖场情况

18个执行SVC国家监测的省（市、区）中，连续2年对78个养殖场进行了SVC监测，详细数据见表7。其中，国家（省）级原良种场15个、重点苗种场17个、观赏鱼养殖场8个、成鱼养殖场38个（图31），主要分布于江苏、辽宁、安徽、北京、河北、河南、黑龙江、湖北、江西、山东和上海。

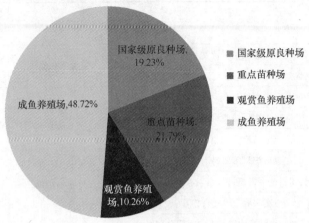

图31　2013—2014年连续被设置为监测点的养殖场类型的比例

表7　2013—2014年各省连续被设置为SVC监测点的情况

省份	养殖场名称	监测点性质	2年监测是否有SVC阳性检出
江苏	苏中观赏鱼大世界	国家（省）级原良种场	否
	江苏宝丰集团		否
	清浦区和平镇水产养殖场	重点苗种场	否
	南通绿园特种养殖有限公司		否
辽宁	沈阳市金山水产养殖场	国家（省）级原良种场	否
	沈阳辽中县冷子堡养殖场		否
	沈阳辽中茨于坨汇江渔牧养殖场		否
	沈阳市纯友水产养殖有限公司		否
	辽阳县黄泥洼镇兴大养殖场		是
安徽	安徽省巢湖市富煌水产开发有限公司	国家（省）级原良种场	否
	滁州市福家水产养殖有限公司		否
	滁州市名优特种水产良种场		否
	滁州市水产研究所		否
	砀山县丽沐渔业有限公司	重点苗种场	否
	肥西县四合畜牧水产养殖场		否
	绿湖渔业专业合作社		否
	宿州市新河养殖场		是
	太和县永顺水产养殖专业合作社		否
	肥西县四合畜牧水产养殖场		否

续表

省份	养殖场名称	监测点性质	2年监测是否有SVC阳性检出
北京	房山区闫村镇大董村贾文利渔场	观赏鱼养殖场	是
	顺义区后沙峪镇董各庄村董各庄渔场		是
河北	鹿泉市中兴养鱼专业合作社	成鱼养殖场	否
	鹿泉市李村镇邓村渔场		否
	鹿泉市军英渔业专业合作社		否
	鹿泉市李村镇邓村渔场		否
	磁县路村营乡常凝村辛焕平养殖场		否
	鹿泉市康兴养鱼专业合作社		否
	安新县白洋淀清泉水产品养殖有限公司		否
	冀州市北海垂钓乐园		否
	鹿泉市绿源水产养殖服务专业合作社		否
河南	三门峡市陕县石门渔场	重点苗种场	是
	新乡市延津县渔场		否
	武陟县兴河养鱼专业合作社	成鱼养殖场	否
	武陟县长河养鱼专业合作社		否
黑龙江	陈功林 肇源县	成鱼养殖场	否
	梁久中 肇源县		否
	张启友 肇源县		否
	于佳新 木兰县		否
	朱年泉 木兰县		否
	吴长发 木兰县		否
	王玉 宾县		否
	张宝财 宾县		否
	杜学伟 方正县		否
	丁文 方正县		否
	谷茂成 方正县		否
	孙国峰 巴彦县		否
	王兆丰 巴彦县		否
湖北	枝江天丰长江土著鱼类良种场	重点苗种场	否
	潜江市高场办事处繁殖场		否
	枣阳市西郊新翔水产		否

省份	养殖场名称	监测点性质	2 年监测是否有 SVC 阳性检出
湖北	松滋市大湖水产养殖场	成鱼养殖场	否
	赤壁市泉口渔场		否
	团风县国营黄沙湖渔场		否
	嘉鱼县渡普镇牛栏湖渔场		否
	应城市水产技术推广站养殖基地	重点苗种场	否
	荆州区水科所		否
	武穴市石佛寺镇冯秀围养殖基地		否
	监利县红城乡杨家湾	成鱼养殖场	否
	黄梅县杨柳湖渔场		否
	钟祥市南湖渔场	国家（省）级原良种场	否
	蕲春赤东湖渔场		否
	仙桃市五湖渔场		否
江西	兴国红鲤良种场	国家（省）级原良种场	否
	瑞昌长江四大家鱼原种场		否
山东	郯城县水产良种场	重点苗种场	否
	郯城县杨集渔场	成鱼养殖场	否
	梁山县绿源养殖试验场		否
	梁山县淡水养殖试验场		否
	鱼台鲜安渔业公司		是
	鱼台县依水养鱼专业合作社		否
	市中区鲁南苗种推广中心		否
	枣庄底阁镇石膏矿塌陷地开发公司		否
上海	上海锦洋观赏鱼有限公司	观赏鱼养殖场	是
	奉贤区南桥镇北新村养殖场		否
	上海鱼米之乡农业发展有限公司		否
	宝山区罗店镇天平村金鱼场		否
	上海万金观赏鱼养殖有限公司		否
	上海美澜生态科技有限公司		否

（1）基于养殖场类型分析

15 个国家（省）级原良种场中，1 年或 2 年检出阳性的有 1 个；2 年均未检出阳性的有 14 个。阳性监测点为辽宁省辽阳县黄泥洼镇兴大养殖场。

17 个重点苗种场中，1 年或 2 年检出 SVC 阳性的有 2 个，占 11.76%，2 年均未检出阳性的有 15 个，占 88.24%。安徽宿州市新河养殖场、河南三门峡市陕县石门渔场。

8 个观赏鱼养殖场中，1 年或 2 年检出阳性的有 3 个，2 年均未检出阳性的有 5 个。SVC 阳性养殖场的名称为北京市房山区闫村镇大董村贾文利渔场、北京市顺义区后沙峪镇董各庄村董各庄渔场和上海锦洋观赏鱼有限公司。

38 个成鱼养殖场中，1 年或 2 年检出阳性的有 1 个，2 年均未检出阳性的有 50 个。SVC 阳性养殖场名称为山东省鱼台鲜安渔业公司。

（2）基于养殖模式的分析

68 个池塘养殖监测点中，1 年或 2 年检出阳性的有 6 个，占 8.82%，2 年均未检出阳性的有 62 个，占 91.18%；SVC 阳性养殖场名称分别为辽宁省沈阳市纯友水产养殖有限公司、辽宁省辽阳县黄泥洼镇兴大养殖场、北京市房山区闫村镇大董村贾文利渔场、北京市顺义区后沙峪镇董各庄村董各庄渔场、河南省三门峡市陕县石门渔场和山东省鱼台鲜安渔业公司。

6 个工厂化养殖监测点中，1 年或 2 年检出阳性的有 1 个，占 16.67%，2 年均未检出阳性的有 5 个，占 83.33%；SVC 阳性养殖场名称为上海锦洋观赏鱼有限公司。

17 个混养监测点中，1 年或 2 年检出阳性的为 0 个，2 年均未检出阳性的有 17 个，占 100%。

连续 2 年监测的养殖场中，未见有网箱养殖模式。

4. 根据 2013—2014 年最新监测结果做出我国 SVC 的区划

2013 年参与 SVC 国家监测的 15 个省（市、区）中，北京、天津、辽宁、上海、江西、山东、河南、湖北和重庆 9 省（市）均有阳性检出，黑龙江、吉林、河北、江苏、安徽、湖南 6 省无 SVC 阳性检出。

2014 年参与 SVC 国家监测的 18 个省（市、区）中，北京、天津、河北、上海、江苏、江西、湖北、四川和新疆 9 省（市、区）均有阳性检出，黑龙江、吉林、辽宁、河南、山东、陕西、安徽、湖南和重庆无 SVC 阳性检出。

根据 OIE《国际水生动物卫生法典》（2014）10.9.4 条和 10.9.5 条规定，一个国家/区域/生物安全隔离区符合下列第 1、2、3 或者 4 点要求时，可以宣布无 SVC：①没有易感宿主，基本生物安全条件至少在过去的 2 年连续满足要求；②有易感宿主，过去 10 年以上没有发生疫情，基本生物安全条件 10 年以上连续满足要求；③在实施目标监测之前疫病情况不明，但至少在过去的 2 年连续满足基本的生物安全条件，目标监测 2 年以上未检测到 SVCV；④曾自行宣布无 SVC，随后又发生了疫病，需满足以下条件才可自行宣布无 SVC：a）疫病检测时，受影响的地区宣布为疫区，并确立保护区；b）为最大限度降低疫病进一步蔓延的风险，销毁感染宿主或从疫区移除，并且完成适当的消毒程序；c）实行目标监测，在过去至少 2 年未检测到 SVCV；d）审查以前的基本生物安全条件，必要时进行修正，并在过去至少 2 年满足要求。

根据 OIE《国际水生动物卫生法典》（2014）10.9.6 条规定，如果一个国家/区域/生物安全隔离区符合上述第 1 点或第 2 点的要求，宣布无疫。只要该地区能连续保持基本生物安全条件，该国家、区域或生物安全隔离区可维持无 SVC 的状态；如果一个国家/区域/生物安全隔离区符合上述第 3 点的要求而宣布无疫。只要基本的生物安全条件连续保持，存在能导致出现临床症状的条件，则该国家/区域/生物安全隔离区可维持无疫状态，并可以中断目标监测；如果是在有疫情的国家里，宣布区域/生物安全隔离区无疫时，又缺乏足够引发 SVC 临床表现条件的情况下，则需要继续执行目标监测，并由主管部门根据感染的可能性决定监测的水平。

根据 OIE《国际水生动物卫生法典》，结合 2013 年和 2014 年 2 年监测情况来看，黑龙江、吉林、安徽和湖南 4 省连续 2 年无 SVC 阳性检出，如果以上省能够满足基本生物安全条件，可认定这 4 省的被监测区域为我国 SVC 的无疫区。

辽宁、北京、天津、河北、河南、山东、新疆、上海、江苏、湖北、江西、四川、重庆 13 个省（市、区）在 2013 年或 2014 年仍然有阳性检出，不能认定为我国 SVC 的无疫区。

（四）2005—2014 年承担农业部 SVC 实验室检测单位情况

2005—2014 年，先后共有 14 家实验室承担了农业部 SVC 检测任务。14 家实验室中，除陕西省水生动物防疫检疫中心外，均通过了 2014 年农业部组织的水生动物防疫系统实验室检测能力测试。检测方法基本都按照《鱼类检疫方法第 5 部分：111 病毒（SVCV）》（GB/T 15805.5—2008）或 OIE《水生动物疾病诊断手册（2014 版）》方法进行检测。

深圳出入境检验检疫局、天津市水生动物疫病控制中心、江苏省水生动物疫病检测实验室为首批承担检测任务的实验室。按照实验室阳性样品检出数与承担检测样品数之比，评价实验室承担任务的能力和阳性样品检出能力。承担任务量前三位的实验室分别为深圳出入境检验检疫局，共检测样品 3 036 个，占总任务量的 38.85%；江苏省水生动物疫病预防控制中心，共检测样品 1 396 个，占总任务量的 17.87%；天津市水生动物疫病预防控制中心，共检测样品 978 个，占总任务量的 12.52%。

以实验室阳性检出率（实验室阳性样品检出数与实验室承担检测任务数之比）为基础进行比较，实验室阳性检出率位列前三的实验室分别为深圳出入境检验检疫局（5.73%）、农业部渔业产品质量监督检验测试中心（烟台）（5.64%）、江西省水产品质量安全监测中心（3.00%），详细数据见图 32。

目前，SVC 实验室检测的所有参考标准均规定先对样品进行病毒分离，再通过 RT - PCR 或其他方法进行确认。个别省（区、市）单位提供的数据当中，多数没有提供每个样品使用哪种标准、何种检测方法以及是否进行阳性确认的相关数据。深圳出入境检验检疫使用 OIE《水生动物疾病诊断手册》第 2.3.8 章，按照 OIE 标准，对样品进行病毒分离，当首次接种细胞没有出现细胞病变时，需进行盲传 1～2 代。当出现细胞病变，需要通过 RT - PCR 进行确认，并对 PCR 产物进行测序，确定序列正确后，才能判定为阳性。必要时，会使用 ELSIA 和 RT - PCR 两种方法同时对样品进行确认和鉴定。

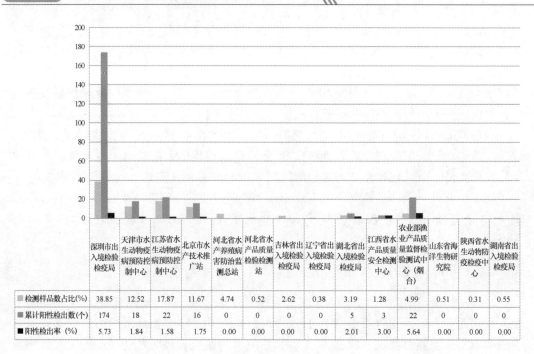

	深圳市出入境检验检疫局	天津市水生动物疫病预防控制中心	江苏省水生动物疫病预防控制中心	北京市水产技术推广站	河北省水产养殖病害防治监测总站	河北省水产品质量检验检测站	吉林省出入境检验检疫局	辽宁省出入境检验检疫局	湖北省出入境检验检疫局	江西省水产品质量安全检测中心	农业部渔业产品质量监督检验测试中心(烟台)	山东省海洋生物研究院	陕西省水生动物防疫检疫中心	湖南省出入境检验检疫局
检测样品数占比(%)	38.85	12.52	17.87	11.67	4.74	0.52	2.62	0.38	3.19	1.28	4.99	0.51	0.31	0.55
累计阳性检出数(个)	174	18	22	16	0	0	0	0	5	3	22	0	0	0
阳性检出率(%)	5.73	1.84	1.58	1.75	0.00	0.00	0.00	0.00	2.01	3.00	5.64	0.00	0.00	0.00

图32　2005—2014年14个实验室承担SVC实验室检测任务及阳性检出情况

三、监测结果分析

(一) SVC 流行病史

20 世纪初, SVC 首次在欧洲大规模暴发。随后, 亚洲部分国家、南美洲和北美洲相继报道。到目前为止, 该病在英国、罗马尼亚、法国、德国、奥地利、西班牙、北爱尔兰、瑞士、丹麦、苏联、格鲁吉亚、立陶宛、白俄罗斯、摩尔多瓦、捷克和乌克兰等欧洲国家流行, 给整个欧洲, 尤其中部和东部的鲤鱼养殖业带来了巨大的经济损失。SVC 在欧洲的大部分地区流行, 对欧洲的水产养殖业造成了严重危害。近 10 多年来, 该病有逐步向美洲和亚洲蔓延的趋势, 2002 年, 美国某大型养殖场中的 1 龄鲤死于 SVC 疫情。其后, 北卡罗来纳州和弗吉尼亚州陆续有 15 000 尾和 135 000 尾锦鲤死亡, 发病率达 10%, 怀疑是由 SVC 引起。此后, 威斯康星州大量野生鲤感染 SVCV 而死亡。2003 年, 伊利诺伊州通向密歇根湖水域中的死鱼体内检测到 SVCV。2004 年, 华盛顿一个私人养殖场和密苏里的一处孵化场又暴发了 SVC。2006 年 6 月, 加拿大首次在安大略湖检测到 SVCV。

(二) 我国 SVC 流行概况

1998 年, 我国首次报道 SVC, 从北京出口英国的金鱼和锦鲤中检测到 SVCV。经过考察, 把北京地区划为 "监测区", 只允许监测 2 年以上的渔场出口观赏鱼。2001 年,经过连续 2 年的监测，英方同意撤销"监测区"。

SVC 曾在我国江苏、北京、河北、天津等地均有发生。2003 年，天津、上海养殖场出口的鲤中检测出 SVCV；2004 年，江苏新沂暴发 SVC 后，跟踪检测河南、山东、江苏无锡、天津等地，均检测出 SVCV。该病一旦暴发，造成较高的发病率和死亡率。仅 2004 年江苏省新沂、无锡两地发生 SVC，造成的直接经济损失就高达 700 万元。国际上已知的 SVC 流行区域都分布在北纬 35°以北（相当于中国郑州以北）的地区，所以通常认为 SVC 主要流行于寒冷地区，是一种地方病。但我国监测的情况表明，SVC 有往南蔓延的趋势，在所有参加 SVC 监测的省（区、市），除 2014 年首次参加监测任务的陕西和湖南未检出 SVC 阳性，其他所有省（市）都在不同年份检测出 SVCV 阳性。由此推测，我国有鲤科鱼类养殖的地方，均可能有不同程度的带毒情况。

（三）易感动物

自然条件下，SVCV 可感染鲤、锦鲤、黑鲫、鲢、鳙、草鱼、金鱼、圆腹雅罗鱼、欧洲丁桂鱼等鲤科鱼类，也可感染非鲤科鱼类，比如欧鲇、虹鳟、白斑狗鱼。在实验室感染条件下，斜齿鳊、斑马鱼等也对 SVCV 敏感。2005—2014 年的监测结果显示，我国 SVCV 易感鱼类主要为鲤科鱼类，包括鲤、锦鲤、鲫、草鱼、金鱼、草金鱼、黄河鲤、鳙、鲢、建鲤、锦鲫、异育银鲫、红鲤。但是，天津从团头鲂中检出 SVCV。值得注意的是，我国并未对野生鱼类进行 SVC 监测，建议扩大监测范围和养殖品种。

据报道，SVCV 可感染各种年龄段的鲤科鱼，其中幼龄鱼更易感。2014 年的监测品种规格分布中，体长 10 厘米以下的鱼样品占了 43%，体长 15 厘米以下的鱼样品占 79%。阳性样品基本均为 15 厘米以下规格的鱼。

（四）传播方式和传染源

SVCV 以水平传播为主，病鱼、死鱼、病鱼排泄物、被污染的水、网具等是其水平传播的主要传染源和媒介。鱼虱、水蛭、食鱼的鸟类（如苍鹭）和水生节肢动物都可能成为传播 SVCV 的生物媒介。发病鲤鱼、发病后康复鲤鱼、野生或养殖的鲤鱼均是 SVCV 的贮藏宿主。感染 SVCV 的鲤科鱼可通过粪便和尿液向外排泄病毒，并且排到体外的病毒可在水中保持感染活性 4 周以上，可在 4~10℃ 的泥浆中保持感染活性 6 周以上。

由于各地提供的材料缺乏流行病学调查表，因此对检测 SVCV 呈阳性的样品未能展开有效追溯。另外，由于目前苗种管理不规范，苗种产地检疫工作缺位，各渔场间苗种交叉使用现象普遍，一旦发生疫情，溯源工作难以开展。

因此，SVC 国家监测应该覆盖全部苗种场，加强苗种产地检疫制度的执行力度，提高水产养殖部分管理水平，提高养殖技术和疾病防控技术的宣传势在必行。

（五）SVCV 的基因型

以 SVCV 糖蛋白基因（G）为基础进行遗传进化分析，可将其分为 4 个亚型（Ia、

Ib、Ic 和 Id）。Ia 基因型（又称亚洲型）主要分布于英国、中国、美国和加拿大。Ib 和 Ic 基因型主要分布于摩尔多瓦、乌克兰和俄罗斯。而 Id 型则主要分布于英国、德国和澳大利亚。SVCV 的基因分型具有明显的地理差异性，这些分型与毒株的毒力无关。根据监测要求，阳性样品需要提供测序报告，根据 G 蛋白基因测序结果进行分型，并绘制 SVCV 分型分布图，为病原追溯提供依据。18 个参与 SVC 监测的省（市），只有北京市和湖北省提供了部分样品的测序报告，由于缺乏大部分样品 SVC 测序结果，因此，SVC 基因型与地域分布图尚无法完成。

北京水产技术推广站对分离到的 17 株 SVC 进行测序，同时选取了在 NCBI 上发表的序列 DQ227504（美国株）、AY842489（中国株）、Z37505（欧洲标准株）的 G 蛋白基因序列进行分析，结果欧洲株 Z37505、N178474、U18101、AJ318079、AJ538062 聚为一类；样品 116、67、37、9、69、38、178 与美国株 DQ227504 聚为一类，样品 40、41、43、53、18、25 与中国株 AY842489、EU370915 聚为一类，样品 42、F82、68、123 聚为一类，这些又共同聚为一个大类，聚为一类的可认为来源相同，见图 33。目前，中国已发表 SVCV 毒株均属于 Ia 型。但现场实地调查中发现，河南省在历史上曾经检测到过欧洲型，因此需加强苗种引进检疫。

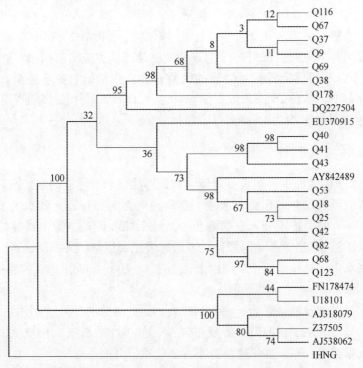

图 33　北京站检测的 SVCV 株的系统进化树

深圳出入境检验检疫局动植物检验检疫技术中心对其实验室保存的 240 余株 SVCV 糖蛋白基因序列进行分析。结果表明，国内分离株主要属于 Ia 亚型，与 SVCV 欧洲株遗传距离较远，且我国SVCV分离株有明显的遗传进化特征（图34）。

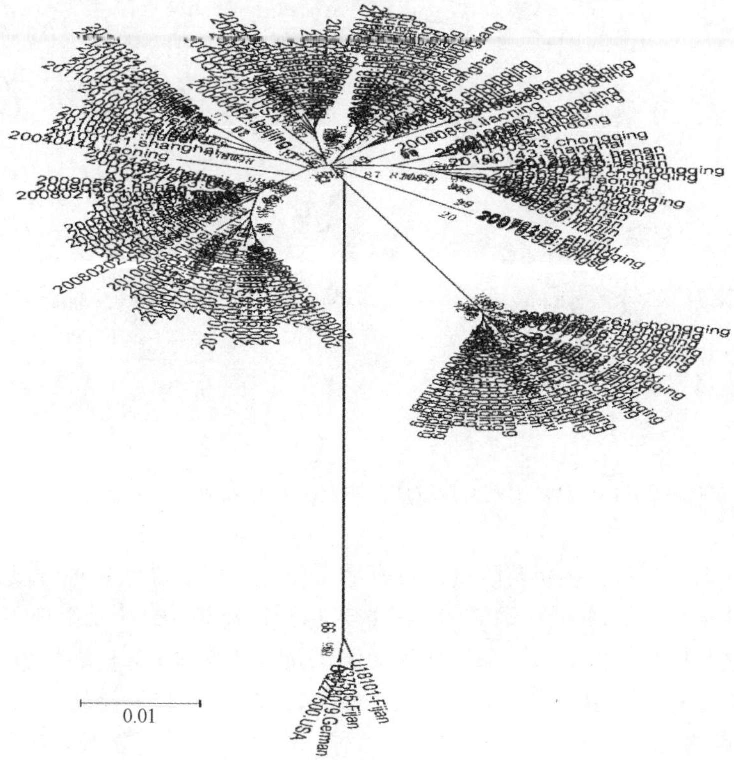

图34　我国SVCV遗传进化分析

四、监测工作存在的问题

（一）监测点设置

监测点设置需要兼顾养殖品种并具有一定的覆盖性。部分省份的监测点设置存在随意性，没有覆盖到苗种场。从我们现场调查来看，如重庆的监测点从图上看，覆盖度不够，相比而言河南的监测点覆盖性较广（图35）。这可能与养殖品种分布有关，也与地方推广站、渔民配合度密切相关。根据各省提供的数据表，很多省份同一个片区不同养殖户分别计算监测点，如"绥化市北林区西长发镇张建强""绥化市北林区西长发镇张友"等，应该对检测点的地理位置有具体要求。

另外，可借助现有科技手段对养殖场进行经纬度定位，采样过程中不仅要填写养殖场名称，还要提供养殖场的经纬度数据。

（二）样品的收集

样品数量必须严格按照监测计划执行。实地考察中发现以下问题：① 在实际采样

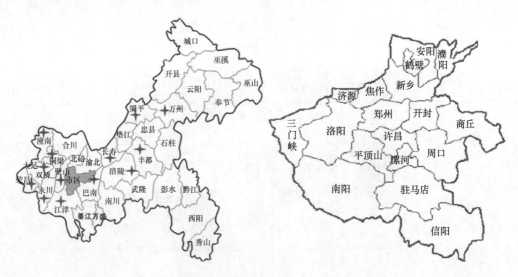

图35　2005—2014年SVC国家监测重庆监测点（左）和河南监测点（右）分布情况

过程中，采样150尾鱼，在鱼苗阶段比较容易实现，育成节段和鱼种阶段则较为困难，养殖户配合度不高。2014年有24%的样品数未达到送样要求，个别出现2～3尾送检样品的情况，这与样品个体太大，采样数量无法满足要求有关；② 实地考察发现，有些样品不是主养品种，是套养品种或者育苗时混杂的品种，此类样品建议占少量比例；③ 部分监测点如辽宁，基本只采集鲤一个品种，可能受当地养殖品种的限制，但监测一个品种过于单一；④ 同一个养殖场反复采样，个别监测点多个池塘采样。每个池塘都计算为一个样品，拉低了监测的覆盖面积；⑤ 为完成送样任务，送检样品不是本场，取自附近其他渔场，这种以外地鱼样代替本场鱼样的做法，对监测结果有干扰作用。

（三）监测数据的连贯性

实地调查发现，重庆（图36）、江苏和河南等省（市），监测数据都不能呈现连贯性，尤其表现在监测阳性点不断变化，主要原因为：① 有些连续2年监测阳性的养殖场，第三年很可能不再养殖，导致数据无法连续；② 连续监测呈现阳性的养殖场，养殖场送样配合度降低，导致数据无法延续；③ 监测阳性的养殖场采取扑杀措施后，各项赔偿措施不到位，影响养殖户的积极性。

（四）监测数据的完整性和填写的规范性

基于目前各省（市）监测数据，多个省（区、市）未按规定对样品进行记录。存在如下问题：①表格重要信息，如温度、规格等信息缺失，有的监测点直接空白，有的写"未检测"；② 表格内容理解错误，如养殖方式，表格下方已经备注写"池塘""网箱""围网""工厂化"等，但是仍有监测点写"单养"和"混养"；③ 擅自改变表格格式，自行将表格进行简化，给统计造成巨大麻烦；④监测点名称混淆不清，例如"鑫淼观赏鱼养殖场"与"鑫淼水产总公司"；⑤部分省份汇总报告，监测点涉及

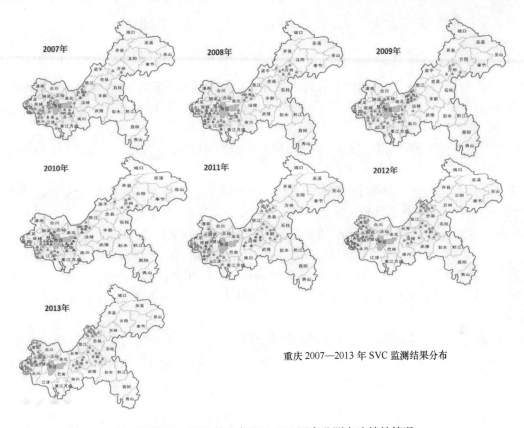

重庆 2007—2013 年 SVC 监测结果分布

图 36　2007—2013 年重庆地区 SVC 国家监测点连续性情况

多个类型，导致结果无法统计。⑥监测点数量和样品数量不能画等号，有些监测点反复采样，比如同一个监测点上半年和下半年各采样一次。

（五）阳性监测点的处理

按照规定，阳性样品的养殖场必须进行消毒和扑杀，杜绝病毒的传播。2014 年 7 月 20 日，江苏省苏州市相城区未来水产养殖场出现阳性病例，江苏总站赴现场调查，对可能为 SVC 阳性的鲢苗及其亲本、相关鱼池进行无害化处理。具体措施包括养殖场 5 千米外选择掩埋地点，挖坑长宽 3 米，深 2 米；染疫鱼池用过量消毒剂泼洒，"浮头"后拉网、捕捞见数并称重；掩埋时坑底铺 2 厘米厚度生石灰，放鱼，每层用生石灰覆盖，最后用生石灰 3 吨；对扑杀塘口、生产工具及周围环境进行彻底消毒；抽干水体，生石灰消毒，曝晒。这次扑杀白鲢亲本 27 组，扑杀苗种 3 289 千克，经济损失 190 113 元。但是，通常由于扑杀补偿经费不到位，多数 SVC 阳性养殖场没有采取扑杀方式。

五、我国 SVC 国家监测执行情况总结

我国 SVC 国家监测工作已开展 10 年，农业部渔业渔政管理局和全国水产技术推广

总站非常重视，各省渔业部门克服了各种困难，确保监测样品质量。

（一）鲤春病毒血症在我国鲤科鱼类主要养殖区域均有分布

我国是鲤科鱼类养殖大国，鲤科鱼类养殖产量占淡水养殖产量的65%，占有举足轻重的地位。SVC对鲤科鱼类养殖威胁最大，如果在我国流行并暴发，势必对我国淡水养殖业造成毁灭性的打击。1998年之前，我国均无鲤SVC暴发或检出。

1998年，英国从北京进口的金鱼和锦鲤中检出SVCV，一方面将中国划为SVC疫区，另一方面做出禁止从中国进口观赏鱼的决定。英国的决定立即引起连锁反应，新加坡、日本、法国、比利时、意大利等国家纷纷效仿，欧盟及其他成员国亦采取措施统一行动，造成中国观赏鱼无法出口欧美市场，中国的观赏鱼场损失惨重。为此，国家质量监督检验检疫总局（下称质检总局）紧急启动出境观赏鱼SVC监测工作。

2002年，深圳出入境检验检疫局技术中心从北京某出口观赏鱼养殖场的金鱼中首次分离到SVCV，这是在国内第一次检出该病毒。2004年，江苏新沂7个乡镇8个村的643亩养殖水面，死亡鱼苗1.75亿尾，病原确认为SVCV。这是我国目前为止唯一一例SVC疫情。

10年间，国家监测共分离到260余株SVCV，阳性样品涉及16个省（市、区）。2013—2014年，仍在9个省（市、区）监测到SVC，显示该病在我国鲤科鱼类主产区仍然有广泛分布，防控形势十分严峻。

（二）高致病力的SVCV基因型未传入我国

目前，国内SVC分离株主要属于Ia基因亚型。英国、美国和国内新沂发病情况表明，该亚型毒株对鲤有一定的致病力。但是，2005年之后我国并未发生SVC疫情。推测该亚型不同毒株在致病力方面存在差异。遗传进化分析表明，SVCV在我国已经发生特征性的遗传进化。进化方向上的差异与致病力之间存在着什么样的关系，还需要通过感染实验来做进一步的分析。目前深圳出入境检验检疫局技术中心正在开展这方面的工作。

（三）监测样品取样和送样保持较高水准

2005—2014年，共采集样品7 814个。参加该项监测工作的省份，克服人手少、时间紧、任务重、活体运输要求高等困难，基本上能够在合适的时间和养殖水温下，完成样品采集工作，并将活体送至实验室。高质量样品是监测结果准确与否的重要前提。但是，也有个别省份还没有充分认识到取样代表性和运输时符合运输包装要求的重要性，结果造成阳性检出率低，样品送到实验室后袋子破损、氧气漏掉、鱼已经死亡甚至开始腐败等。目前总站已经认识到这个问题，并在监测计划中进行了强调。

（四）各省执行监测计划时取样点的选择

我国水域分布广泛，水系复杂，各省养殖水域分布和养殖特点不一。鲤科鱼类是我国广泛分布的养殖鱼类，在自然环境中也多有分布。各地养殖水域用水主要来自河流、湖泊和水库，因此各省在落实具体监测计划中，应兼顾养殖场的类型、养殖场的分布和养殖用水所涉及的水域等因素，并且在可能的情况下，对养殖场特别是曾经检出过阳性样品的养殖场周边水域中野生鲤科鱼类样品进行采集和检测，以便能够全面代表某个区域、某个水域中 SVCV 的分布。这方面的信息在后续监测总结和分析中尤为重要。

（五）实验室检测能力和水平

参加 SVC 检测的实验室最初只有深圳出入境检验检疫局动植物检验检疫技术中心，现在已有包括各省（市）渔业部门检测实验室、质检系统的检测实验室、科研单位实验室等 14 家。参与检测的所有实验室均通过认可体系，SVC 为认可项目，且均参加了 2014 年组织的 SVC 病毒分离和鉴定的能力测试。监测数据表明，SVC Ia 亚型在我国广泛分布，我国分离到的 Ia 亚型毒株存在不同的进化方向，更强致病力的其他基因亚型尚未传入我国。所分离出的病毒毒株的基因序列对开展分子进化、分子流行病学分析有着重要的参考意义。因此，建议各检测实验室及时将阳性样品进行序列分析，并将序列分析结果随阳性报告一起发至各省渔业部门或参考实验室。

（六）各省监测总结的撰写

各省对于监测总结的撰写以及数据提供均显不足，缺少足够信息，不能完美地用于监测结果分析、疫病区划、防控工作开展和落实，特别是缺少苗种引入和销售控制措施、水生动物运送管控措施、苗种场生物安全保护水平的监控、养殖场生物安全保护水平的监控和疫病发生时的应急控制措施的落实及存在的问题。建议形成统一的模版，要求各省按照模板要求填写相关的信息，以便上级主管部门和首席单位能迅速、准确地寻找有关信息，及时完成监测总结和风险分析报告的撰写。

另外，分子流行病学是分析和预测疫病流行趋势和病原遗传进化的重要手段，建议各省（市）在提交数据的过程中，提交 SVCV G 基因序列，用于进一步分析。

六、对今后监测工作的建议

（一）扩大监测品种和监测范围

2005 年起，我国未暴发 SVC 疫情，SVC 阳性检出基本来自健康鱼类。目前，监测样品集中在鲤、锦鲤和金鱼重点苗种场、观赏鱼养殖场，鲤是监测量最大的品种。但是，根据 2014 年监测品种阳性率，鲤并不是阳性率最高的品种，草鱼、鲢、鲫、鳙等养殖量大的淡水鱼类阳性检出率也不低。因此，在监测计划中，建议各省份应该将更多的品种纳入到监测范围内，包括野生鱼类的 SVC 监测。

（二）加强苗种管理

SVC可以通过种苗的跨境运输进行传播扩散，同时通过亲鱼产卵可以进行垂直传播。执行苗种产地检疫制度，加强苗种异地管理，控制苗种的随意流动，尽量避免渔场间苗种交叉使用混养。要求各渔场建立水产苗种管理档案，对引入的亲鱼和鱼苗、售出的苗种进行备案，以便再出现问题时能够对苗种溯源，开展流行病学调查。此外，我国每年从境外进口一定数量的鲤鱼以及锦鲤亲鱼和受精卵，病原体通过这些种苗传入的风险极高。因此，在引进相关种苗时，切实对苗种进行检疫，要有齐全的原产地证、检疫证书等。

（三）强化风险管理

OIE《国际水生动物卫生法典》规定，当发生SVC疫情时，各国要对养殖场进行严格的防疫措施。我国对SVC的风险管理措施主要参考现行的法律法规。我国农业部于2008年年底发布的新版《一、二、三类动物疫病病种名录》将SVC列为一类动物疫病。根据第三十一条规定，发生一类动物疫病时，应当采取控制和扑灭措施。为了最大限度地降低SVC给水产养殖带来的经济损失，有必要根据我国SVC调查结果，建立SVC的风险评估模型，采取养殖过程风险管理方式，最大限度地杜绝该病的发生。

好的风险评估模型是建立于可靠和翔实的监测、检测数据。因此，各省（区、市）应该认真对待监测任务，及时总结监测数据，形成报告上报至相关部门。

（四）建立SVC无疫生物安全隔离区

动物疫病区域化管理已成为国际动物疫病管理的趋势，可以采取区域化管理的理念，在重点养殖场及原良种场，开展无SVC生物安全隔离区建设。

目前，国外强致病力SVCV毒株没有传入我国，我国鱼类多为携带SVCV，无临床症状。另外，我国鱼类携带SVCV的整体水平不断下降。这些因素成为我国建立SVC无疫生物安全隔离区的机会。因此，对于连续监测2~3年，SVC检测结果为阴性的养殖场或原良种场，在满足基本生物安全条件的前提下，可以为其挂牌"SVC无疫生物安全隔离区"或"无SVC原良种场"。

（五）农业部SVC国家监测与质检总局出入境疫病监测相互协调统一

虽然国内还未监测到其他基因型SVCV，但是河南省曾检测到疑似SVCV欧洲株，为我国SVC防控敲响警钟。

质检总局一直开展《进境水生动物疫病监测计划》，并且取得积极效果，按照多年的监测和分析结果，对进口水生动物按照风险进行采样或监管，防止外来水生动物疫病传入我国。农业部开展SVC国家监测，一是为保障我国水产养殖安全，更重要的是摸清SVC在我国的流行病学特征，保障我国水生动物出口贸易健康发展。质检总局《进境水生动物疫病监测计划》和农业部《国家水生动物疫病监测计划》监测的内容基本一致，如果能够有机结合，将极大地完善我国水生动物疫病监测体系，提高我国水生动物疫病监测和防治体系的有效性。

（六）逐步扩大监测范围

多数研究认为 SVC 流行区域主要分布在北纬 35°以北（相当于中国郑州以北）的地区，认为 SVC 主要流行于寒冷地区，是一种地方病。随着我国 SVC 监测范围不断扩大，北纬 35°以南的安徽、江苏、江西、上海等地均有 SVC 阳性检出。因此，逐步扩大监测范围，才能进一步明确 SVC 在我国的分布情况。

传染性造血器官坏死病（IHN）分析

北京市水产技术推广站

（徐立蒲　王静波　曹欢　王姝）

一、前言

传染性造血器官坏死病（Infectious Hematopoietic Necrosis，IHN）是鲑科鱼类常见的急性病毒性传染病。病原是传染性造血器官坏死病毒（Infectious Hematopoietic Necrosis Virus，IHNV），该病毒属弹状病毒科（Rhabdoviridae）、粒外弹状病毒属（*Novirhabdovirus*）。IHNV 主要感染各种年龄的鲑、鳟鱼类，其鱼苗感染后的死亡率可达100%，大菱鲆、牙鲆等某些海水鱼也能被感染致病。20世纪四五十年代传染性造血器官坏死病首次在美国华盛顿州和俄勒冈州的孵化场场暴发；1968年从阿拉斯加传入日本北海道；1987年传入法国和意大利。该病在水温8～15℃时流行，目前已经广泛分布于北美、欧洲和亚洲等地区，发病率高，对世界范围内的鲑鳟鱼养殖业造成了巨大的经济损失。世界动物卫生组织（OIE）将其列为必须申报的鱼类疫病。

根据文献报道，IHN 最早于1985年在我国辽宁本溪发生，死亡率近100%。近年来，河北、甘肃、辽宁、北京、山东等地养殖的虹鳟也均发生了不同程度的传染性造血器官坏死病。该病给我国虹鳟主要产地的养殖业造成严重损失。2008年11月农业部发布的《一、二、三类动物疫病病种名录》中，IHN 被列为二类动物疫病；2011年的《鱼类产地检疫规程（试行）》中，农业部将其列入产地检疫对象，并从2011年起被列入国家水生动物疫情监测计划。现将几年来的监测情况和结果汇总分析，作为我国进一步防控 IHN 的参考。

二、全国各省开展传染性造血器官坏死病的监测情况

（一）概况

2011年我国首次实施 IHNV 监测。2011年到2014年期间，IHNV 监测情况如下。

1. 监测范围及采样数量

2011年采样355份，涉及3省16县131个渔场（其中7个原良种场或重点苗种场）；2012年采样339份，涉及3省17县119个渔场（其中6个原良种场或重点苗种场）；2013年采样337份，涉及3省17县115个渔场（其中7个原良种场或重点苗种场）；2014年采样298份，涉及5省（市）27县128个渔场（其中17个原良种场或重

点苗种场）。

可以看出：前3年监测的渔场数量和样品数基本保持稳定。2014年国家采样计划数量由400份减少到260份样品，但监测范围扩大到辽宁、甘肃、河北、山东、北京5个省（市）。因此，虽然实际采样监测的渔场数量与前3年基本持平，但监测覆盖的区域明显扩大（图1）。另外，总体来看，2011—2013年原良种场或苗种场占全部采样渔场的百分率只有5%~6%，2014年上升到13%（图2）。

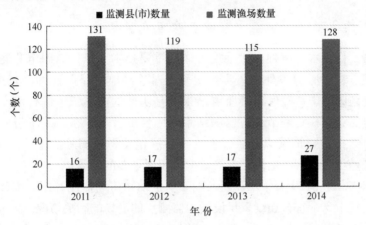

图1　抽样监测概况

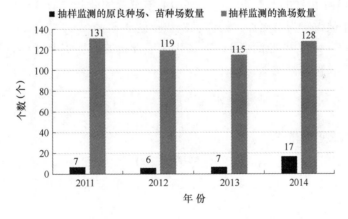

图2　抽样监测的渔场和原良种场、苗种场数量

2. IHNV 检出情况

IHNV具体检出情况如下：2011年在2省7县16个渔场检出阳性；2012年在3省9县14个渔场检出阳性；2013年在2省10县32个渔场检出阳性；2014年在3省15县47个渔场检出阳性。

在这些阳性场中，2011年在1个原良种场发现IHNV阳性；2014年发现4个重点苗种场是IHNV阳性。

（二）不同养殖模式监测点的有关情况

我国鲑鳟鱼养殖水均为淡水水源，养殖与苗种繁育均采用流水养殖模式。

2011—2014 年，辽宁的监测点数量分别为 70 个、65 个、60 个和 55 个；河北的监测点数量分别为 50 个、45 个、43 个和 39 个；甘肃的监测点数量分别为 11 个、9 个、12 个和 8 个。2014 年，山东的监测点数量为 10 个；北京的监测点数量为 16 个。

（三）连续 2 年以上设置为监测点的有关情况

开展监测工作是水产苗种产地检疫工作的重要技术支撑，应固定监测点并开展连续多年的监测。在没有引入外来鱼类情况下，对连续监测呈阴性的渔场生产的苗种，可以认为其是健康的，在确保每年监测结果都是阴性的前提下，进行水产苗种产地检疫时可不经过实验室检测环节；对监测结果是阳性的渔场，在后续年份应实施连续监测，以判断 IHN 的流行情况以及经过人为干涉（消毒、隔离等措施）后的变化情况，为将来采取进一步防控措施提供足够的依据并积累更多的经验。

由于山东、北京在 2014 年才被列入国家水生动物疫病监测计划，因此，目前只有辽宁、河北、甘肃 3 省有连续 2 年设置为监测点的渔场的有关情况。

辽宁省 2013 年设置的监测点 60 个，2014 年设置的监测点有 55 个，其中有 36 个监测点连续 2 年被设置为监测点，约占全部数量的 2/3。

河北省 2013 年设置的监测点 43 个，2014 年设置的监测点有 39 个，其中有 26 个监测点连续 2 年被设置为监测点，约占全部数量的 2/3。

甘肃省 2013 年设置的监测点 12 个，2014 年设置的监测点有 8 个，其中有 5 个监测点连续 2 年被设置为监测点。

（四）各省历年样品采集情况

1. 采集样品完成情况

2011—2013 年度，辽宁省每年的任务数为 200 份，河北省每年的任务数为 100 份，甘肃省每年的任务数为 100 份；其中，河北省和辽宁省按要求完成了规定的采样数量。

2. 采样鱼规格

IHN 主要危害 3 月龄以内的虹鳟苗种，该阶段苗种因病死亡率通常达到 90% 以上。因此，采样要求抽取虹鳟 6 月龄以内的苗种。在 10～12℃ 的养殖水温条件下，虹鳟经过 6 个月体长一般可生长到约 10 厘米。因此，大致以体长 10 厘米作为界限分析各地采样规格情况。

2014 年，北京抽取的均是 10 厘米以内的苗种，山东抽取的苗种大于 10 厘米与小于 10 厘米的苗种各占 50%。

辽宁省 2011 年、2012 年、2013 年抽取的鱼体长均在 10 厘米以上，鱼体规格较大；2014 年小于 10 厘米的鱼抽取了 39 份，大于 10 厘米的鱼抽取了 51 份，抽取的大规格鱼数量偏多。

甘肃省2011年、2012年、2013年和2014年抽取的小于10厘米的鱼分别占总数的90%、80%、20%和90%。2013年抽取的鱼规格偏大的居多，其他年份采样的鱼规格大多数符合采样要求。

采集规格过大，给样品数量和包装运输都带来一定困难，同时采集时期也不是IHN敏感的生长阶段，容易造成漏检。因此，应注意采样鱼规格偏大的问题，按要求采集6月龄以内的苗种。

3. 每份样品中的鱼尾数

按照国家水生动物疫病监测计划和OIE《国际水生动物卫生法典》，每份样品应达到150尾鱼。这是为了使检测可信度达到95%以上所需要的数量，是有一定科学依据的。

2011—2013年，部分省份采集的样品中存在采集鱼数量不足150尾的情况。由于采样尾数不足，极易造成漏检导致假阴性。因此，对于每份样品采样鱼尾数较少的监测结果中，阳性结果是可信的，而阴性结果需持谨慎态度。

2014年农业部明文要求各地样品采样尾数必须达到150尾，2014年采样样品尾数合格情况明显好于前3年。

4. 采样品种

2011—2014年共抽取1 329份样品（图3），采样的主要品种是虹鳟（包括金鳟），抽取1 314份，占全部样品数量的98.9%；此外还有少量其他品种的鲑鳟鱼样品。虹鳟是IHNV主要易感品种，也是我国重点鲑鳟鱼养殖品种，采样品种满足监测采样要求。

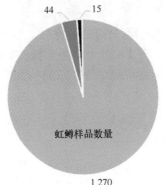

图3　抽样的各品种数量（个）

5. 采样水温

采样要求水温在15℃以下，各地绝大多数样品能达到规定要求。

6. 样品运输方式

大多数样品都能做到把活鱼运输到实验室检测。仅个别地区是采用冰鲜鱼运输方式，以及部分样品是现场取鱼组织研磨后低温保存运输到实验室检测。由于 IHNV 是弹状病毒，在死鱼组织中极易失活并被降解，导致检测结果为假阴性。因此，样品中 IHNV 阳性结果可信，对阴性结果需持谨慎态度。

（五）各省检测到阳性样品规格情况

各省在 2011—2014 年检测到的 IHNV 阳性品种是虹鳟。

在鱼体规格方面，辽宁、甘肃、山东、北京 4 省（市）的 IHNV 阳性鱼中小于 10 厘米的有 22 个，大于 10 厘米的有 6 个。IHNV 阳性更易出现在规格较小的鱼中，这也与国际上报道的 IHNV 主要感染 3 月龄以内的鲑鳟苗种相符合。

（六）检测单位及采用的检测标准

共有 5 家实验室承担了 IHNV 的检测工作，分别是北京市水产技术推广站、河北省水产养殖病害防治监测总站、山东省海洋生物研究院、北京出入境检验检疫局和辽宁出入境检验检疫局。有 4 家实验室具有计量认证或实验室认可资质。

北京市水产技术推广站承担了 215 份样品的检测任务，共检测到 32 份阳性。河北省水产养殖病害防治监测总站承担 404 份样品检测任务，检测到 116 份阳性。山东省海洋生物研究院承担 20 份样品检测任务，检测到 10 份阳性。北京出入境检验检疫局承担 200 份样品检测任务，未检测出阳性。辽宁出入境检验检疫局承担 490 份样品检测任务，检测到 3 份阳性。几家实验室共检测到 161 份阳性。

有 4 家检测单位主要是采用细胞分离到病毒后，用 PCR 鉴定进行确认 IHNV，即采用"黄金标准方法"，在掌握了该技术并严格遵守操作规程的前提下，这是目前可信度较高的检测 IHNV 的方法。有 1 家检测单位采用的是 2004 年的 SN 标准。该方法是直接使用 PCR 检测样品中 IHNV 的核酸，仅适合于有临床症状的病鱼的检测，极易造成漏检。同时前面所述送到实验室的鱼也不是活鱼，而是冰鲜鱼或鱼的内脏。因此，对检测为阴性的样品的结果需持谨慎态度。

三、检测结果分析

2011—2014 年，全国采样样品数量分别为 355 份、339 份、337 份和 298 份，检测到的阳性样品数分别为 23 份、23 份、54 份和 61 份，相应的样品阳性率分别为 6.5%、6.8%、16.0% 和 20.5%。其中被采样渔场数量分别为 131 个、119 个、115 个和 128 个，其中阳性渔场分别为 16 个、14 个、34 个、47 个，相应的渔场阳性率为 12.2%、11.8%、29.6% 和 36.7%（图 4）。由于目前存在一个场重复抽取多份样品的情况，因此我们认为，用渔场阳性率分析比用样品阳性率更能反映 IHNV 在我国发生与流行的情况。

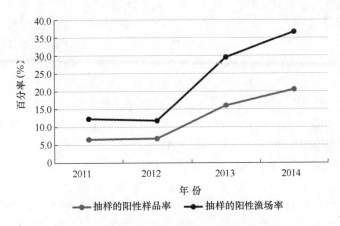

图4　各年度抽样的阳性渔场率和阳性样品率

由于实施监测的部分省份存在采样、送样和选用检测方法的问题，有可能导致阳性率偏低甚至完全漏检。因此，目前的阳性率是一个被低估的数据。从已有监测数据可以看出：在我国被监测省份，虹鳟养殖中IHNV已经较为普遍存在，成为严重危害虹鳟鱼产业的重要疫病。

通过几年的监测结果可以看出：随着监测面的扩大，涉及渔场增加，阳性率也逐渐增加。提示对我国IHN流行情况还没有完全掌握，还有被IHNV病毒感染的区域没有被发现，需要进一步扩大监测范围，加强监测力度。争取在几年内对IHN在全国的流行状况有一个比较完整的了解。

2011—2014年共抽取1 329份样品（图3），采样的主要品种是虹鳟，此外还有少量其他品种的鲑鳟鱼样品。虹鳟是我国主要的鲑鳟鱼养殖品种，也是IHNV的易感品种，几年来IHNV检测呈阳性的品种也均为虹鳟。国际上已经公认IHNV主要引起虹鳟发病死亡。虽然对其他鲑鳟鱼类没有高致病率，但也可能会携带IHNV成为病毒携带者，并通过它们扩散传播。建议将来监测时适当取少量其他鲑鳟鱼品种的样品进行检测，以完善流行病学资料。

经调查发现，各地虹鳟鱼苗种与成鱼均有发病死亡情况，现阶段以苗种发病死亡为主，尤其对1~2月龄苗种的危害更大，一旦感染，死亡率通常在90%以上。在未发生过IHN的地区，引进未发过病的鱼进行养殖，在成鱼阶段也会有发病情况。

检测结果显示，IHNV检出温度主要集中在8~12℃，这也是虹鳟鱼苗种繁育的最适温度。每年10月至翌年3月是虹鳟鱼苗种的主要繁育季节，这也是IHN发病的高峰期。IHNV检出温度与国际上报道相一致。

四、传染性造血器官坏死病风险分析及建议

（一）我国传染性造血器官坏死病易感宿主的养殖规模

IHN的易感种类有虹鳟或硬头鳟、大鳞大马哈鱼、红大马哈鱼、大马哈鱼、细鳞

大马哈鱼、玫瑰大马哈鱼、马苏大马哈鱼、银大马哈鱼、大西洋鲑等；其他鲑科鱼类如河鳟、克拉克大马哈鱼、湖红点鲑、北极红点鲑、溪红点鲑、远东红点鲑、黑龙江鮰鱼、香鱼等。此外，非鲑科鱼类包括太平洋鲱、鳕鱼、高首鲟、白斑狗鱼、河鲈、管吻刺鱼、牙鲆等。但多数是病毒携带者，主要导致虹鳟发病。

根据 2014 年中国渔业统计年鉴，我国 26 个省（市、区）有鲑、鳟鱼养殖，鲑鱼养殖总产量 3 322 吨，鳟鱼养殖总产量 28 991 吨，鳟鱼产量约占鲑鳟总产量的 90%。鳟鱼养殖又以虹鳟为主，虹鳟是 IHNV 易感品种。

各省养殖鲑鳟鱼产量超过 500 吨的共有 14 个省（市、区）：依次为辽宁 6 616 吨、云南 4 112 吨、山东 3 712 吨、青海 3 641 吨、北京 2 089 吨、河北 2 077 吨、四川 1 845 吨、山西 1 316 吨、广东 877 吨、贵州 758 吨、陕西 750 吨、新疆 702 吨、甘肃 652 吨、湖南 527 吨。其中辽宁、山东、北京、河北、甘肃这 5 个已经被列入 IHNV 监测计划地区的总产量合计为 15 146 吨，占全国产量的 47%，这 5 个省（市）经监测及分析均认为有 IHNV。此外，根据公开发表的资料，四川、山西等省份曾检测到 IHNV。综合以上资料我们认为，IHNV 已经扩散到我国鲑鳟鱼主要产区，并对鲑鳟鱼产业健康发展造成重要影响。另一些鲑鳟鱼的产地（如云南、贵州、新疆等）因未列入监测计划，因而目前这些地区的鲑鳟鱼是否也感染 IHNV 并不清楚，但预计被感染的风险较高。

（二）传染性造血器官坏死病在我国的流行趋势

传染性造血器官坏死病毒的传播途径主要有 2 条。一是水平传播，鱼主要通过接触被病毒污染的水、食物、带毒鱼排泄的尿、粪便等而感染。我国鲑鳟鱼养殖主要采用流水养殖模式，由于很多地方的养殖池塘被同一水源串联，上游渔场的鱼一旦发病，下游渔场很难避免。这是近距离传播的主要途径。二是垂直传播，携带病毒亲鱼产下的卵和精液可垂直传播病毒，由卵传播的概率更大。而这是远距离传播的主要途径。换句话说，人为传播通过苗种或者卵把 IHNV 带到全国各地是疾病流行的重要因素。现已在多个苗种场（或原良种场）的鱼苗中检测到 IHNV，而产生阳性鱼苗的主要原因是由于使用本场繁育的亲鱼带毒。虽然亲鱼通常不会因感染 IHNV 而生病，但会产下带毒的卵并孵化出带毒的鱼苗。这提示未来 IHN 的防控工作将呈现较大压力。

由于目前 IHNV 已经在多个地区、多个渔场被检测到，并且呈不断扩散的趋势。目前较多省份对鲑鳟苗种的产地检疫工作还没有完全启动，在发病渔场的苗种繁育以及养殖环节也缺少有效控制措施的情况下，近 1~2 年内在全国其他尚未列入监测计划但有虹鳟养殖的省（市）均有发生 IHN 的可能。

综合分析一些地区连续几年的发病情况，判断未来几年在全国范围内，因 IHN 虹鳟死亡率也会呈现一年高一年低、反复发作的趋势，发病以及死亡率会逐渐趋于稳定。

从已经发病的渔场情况看，该病对苗种的威胁最大，一旦发病死亡率通常在 90% 以上。在未来几年全国范围内对健康的虹鳟苗种需求会进一步加大。

（三）风险管理建议

国内外防控事例表明，可以通过采取严格的生物安全控制措施来控制传染性造血器官坏死病（IHN）。

建议如下：

一是各地水产苗种产地检疫工作尽快落到实处，严格控制带毒苗种的远距离流通。

二是及时公示经 IHNV 监测结果为阴性的渔场信息，为养殖户选择购进苗种提供参考资料。

三是建设无规定疫病（IHN）苗种场，从水源、亲鱼等环节控制 IHN，建立防控模式，提供健康无疫病苗种。

四是加强防控的示范、推广与培训工作。IHN 的防控重点应当放在预防，而发生后要消除极其困难，只能采用一些权宜之计降低死亡的风险，而且会增加病毒扩散的风险。对尚未发生 IHN 流行的地区，特别是渔场，采用对进水消毒和对鱼卵强制消毒的办法能有效预防 IHN 的发生。但需要对养殖户进行危机意识教育和预防技术推广。对于已经出现过 IHN 的渔场，通过对进水消毒和适当的隔离管理，也能在一定程度上降低死亡的风险。但对管理提出较高的要求。因此，培训和推广工作非常必要。

具体推广的技术内容包括：采用有机碘消毒受精卵；使用经过消毒的水孵化苗种；饲养苗种场地应经过严格消毒后再使用，并应与可能带毒的鱼、工具彻底隔离等。在这个防控过程中涉及较多的技术细节，需试验摸索形成一套适合的 IHN 综合防控技术规范，建立示范点，推广综合防控技术。对养殖户加强宣传与培训力度，并提示未发病区域养殖户提高防疫意识，不要盲目引进外来苗种，防范 IHNV 的进入。

五是加强研究与监测工作力度，其中重点是对阳性渔场进行连续监测，搞清发生和扩散的原因，以及未来几年确实能转变成阴性的原因。积累防控经验，以便推广应用。

具体包括加强 IHNV 的疫病监测，掌握流行病学情况；对新分离到的病毒作进一步研究，以确定是否存在其他血清型、基因型、毒力差异；调查研究鲑科鱼类的其他种类对 IHNV 感染的敏感性、抵抗力等；研究建立快速检测诊断 IHNV 的技术，扩大监测范围；开展免疫增强研究，改善养殖环境条件，降低鲑鳟鱼发病率；研制 IHNV 疫苗，对亲鱼进行免疫注射。

（四）各地开展的防控工作介绍

1. 阳性渔场处理方式

阳性渔场处理方式包括：消毒、监控、全面监测、专项调查、移动控制、全群扑杀、分区隔离、免疫接种、治疗、其他措施等。目前我国多数地区由于机构、工作程序、资金等原因对染疫水生动物处置工作尚未全面启动，同时由于发病渔场数量相对较多，因此对 IHN 阳性场的主要处置方法是监控、消毒。而这种方法不能有效杀灭带毒鱼体内的 IHNV，这可能也是 IHNV 在发病渔场一直存在的主要原因之一。

有部分地区对阳性场采取了更为全面的处置措施。如甘肃省永登县在 2011 年出台了《关于对虹鳟鱼疫病进行无害化处理的通知（永政办［2011］13 号）》文件和《关于限期对虹鳟鱼疫病无害化处理的通知（永政办［2011］83 号）》文件，对带毒鱼进行无害化处理；并完成了渔场断水、渔场垃圾处理、渔场修整、截引渠道和养殖场消毒等工作。值得注意的是，由于IHNV分布在渔场的各个角落，一旦消毒处理区域有遗漏则前功尽弃，因此，采用全场消毒以及无害化处理措施时需要加强管理，不能遗漏；并且还要对上游来水进行相应的消毒处理，避免病毒由水带入。

2. 疫苗研制

辽宁、甘肃、北京等地均开展了IHNV疫苗的研制与试验工作。

3. 其他措施

甘肃省永登县开展了"试水鱼"试养工作，对"试水鱼"养殖的场、户登记造册，定期检查疫病动态，完成样品的采样检测工作（试水鱼是指池塘消毒后，先放几尾鱼看能否成活的做法，如果放的鱼在一段时间内没有发病死亡情况，再批量放入鱼苗鱼种）。但这个方法需要完善，不能只看能否成活，而是看是否带毒。

北京市开展了IHNV单抗制备、快速检测、鱼卵消毒、上游来水消毒、常用消毒剂筛选等试验工作，并在北京市鲟鱼、鲑鳟鱼创新团队中设立鱼病岗位研究IHN的综合防控工作。

五、监测工作存在的问题及相关建议

（一）监测工作中存在的主要问题

从各省（市）采样、样品运输以及检测情况看，存在一些问题，影响到监测工作的科学性，主要反应在以下几点。

1. 需要进一步优化各省采样任务安排

2011—2013年每年监测任务是400份，但没有按计划完成全年采样任务。主要原因是，由于鲑鳟鱼养殖基本是利用山泉水养殖，多数分布在山区，路途遥远、交通不便；鲑鳟鱼是凶猛鱼类，耗氧量高并要求低密度、低水温运输，因此，给采样以及运输工作带来较大压力，导致个别省份没有完成规定的采样数量任务和鱼尾数要求。2014年农业部调整了采样数量安排，各地均按照要求完成了采样任务。此外，由于目前对我国IHN流行情况还没有完全掌握，采样点省份还需要进一步扩大。

2. 原良种场和苗种场采样数量占全部采样渔场的百分率较低

2011—2013年原良种场或苗种场占全部采样渔场的百分率只有5%~6%，2014年略上升到13%。病毒随苗种流通是IHN的主要传播途径之一，因此，国家监测计划要求监测采样以原良种场以及苗种场为采样重点，但几年来原良种场和苗种场采样数量占全部采样渔场数量一直不足15%。

3. 有部分监测点没有被连续抽样监测

监测的重要目的之一是找到IHNV阴性的渔场，以为社会提供健康无疫病的鲑鳟鱼，这需要对监测点实施连续多年监测才能确认。而从2013年、2014年的监测点设置情况看，只有约 2/3 的监测点被连续实施监测，这一比例还是较低。

4. 有些地区的阳性场在后续年份没有被进行连续监测

部分阳性场在 2014 年没有被进行连续监测，无法判断 IHN 的流行情况，以及经过人为干涉（消毒、隔离等措施）后的变化情况，也无法为将来采取进一步防控措施提供足够的依据和积累更多的经验。

5. 同一渔场被反复多次采样

根据 OIE 手册的建议，监测应当在流行季节进行，每个渔场每年监测 1~2 次。但有些省份为完成监测任务，出现了在一个渔场多次采样的情况。甚全 1 个渔场一年中最多被采样 16 次，并且在同一时间 1 个渔场多次被采样，造成资金和人力资源的浪费。

6. 部分采样鱼鱼体规格偏大

采样鱼鱼体规格偏大，会带来如下问题，一是给长途运输带来困难，运输成活率降低。二是采样与运输费用显著增加，其后果是人为减少鱼的数量，导致检测结果的可信度降低。三是 IHNV 主要感染 3 月龄以内苗种，鱼规格太大可能会导致检出率降低。引起这一问题的原因主要有两点，一是采样单位对 IHNV 感染的鱼规格情况不了解；二是采样时间没有组织好，错过了苗种孵化与培育期。

7. 2011—2013 年度的采样中存在鱼尾数不足 150 尾的问题

2011—2013 年采样工作中多数样品均存在每份样品鱼尾数不足的问题。根据农业部的工作要求（农渔养函［2014］71 号），2014 年情况明显改进，5 个省（市）90%以上的样品能满足每份样品 150 尾鱼的要求。

8. 个别省份样品处理和运输方法不当

个别省份采用冰鲜鱼运输以及现场取鱼组织研磨后低温保存运输到实验室检测的方式，由于控制不好温度以及运输时间，容易造成样品中病毒的降解，引发假阴性。并且由于无法核实采样尾数，无法保证检测结果的可信度。

9. 个别实验室采用的检测标准不适合监测工作

个别实验室采用 SN 1474—2004 传染性造血器官坏死病毒逆转录聚合酶链式反应操作规程实施 IHNV 的检测，该方法仅适用于对有临床症状的发病鱼的检测，并不适合监测无临床症状的带毒鱼。该标准已经被修订，旧版已经废止。因此，应禁止在监测中采用该标准。

（二）对传染性造血器官坏死病监测工作的建议

1. 进一步优化采样计划

调查理清各地原良种场和苗种场的数量，登记备案，对原良种场和苗种场要实施强制采样的措施。结合目前各省鲑鳟鱼养殖规模以及发病情况，进一步调整采样省份安排以及各省具体采样数量。建议将监测范围进一步扩大到云南、山西等鲑鳟鱼重要产地，现阶段重点养殖省份采样数量安排建议不超过 50~60 份。

2. 进一步明确采样工作要求

按照 OIE 采样要求，同一渔场在监测的前 2 年内，在同一年份不同时间段采样 2 次，叫满足采样监测需求；如果连续 2 年呈阴性，从第三年开始，在该场不引入外来鱼的情况下，每年采样 1 次即可。因此，建议每个监测点（渔场）每年采样次数通常不超过 2 次，2 次间隔最少 2 周。对少量有疑问需要复核或者其他原因需要重复取样的渔场也不能超过 4 次。

建议固定监测点实施连续监测，每一年度更换的监测点数量不应超过全部监测点数量的 20%。辖区内的原良种场以及重点苗种场、往年的阳性场必须进行连续监测（建议阳性场至少要连续监测 3 年）。对上一年度检测呈阳性而下一年度检测呈阴性的渔场加强监测并总结防控经验。

采集的样品应为活鱼运输到检测实验室，以 6 月龄以内的苗种为主。采样水温严格控制在 15℃以下。

3. 对个别省份的异常结果开展实验室现场采样工作

实践表明，当一个阳性渔场被漏检的情况发生时，主要原因是由于采样方面出了问题造成的。因此建议：养殖虹鳟发生疑似 IHN 的省份，但实验室检测结果为阴性的，建议由总站组织 2~3 家实验室到现场抽样并开展流行病学调查。以排除因采样方面的问题造成假阴性结果的情况。

4. 对承担监测任务的实验室能力加强审查

除现有组织开展的实验室能力测试考核活动外，还需要增加对实验室能力审查的环节，包括检查接样、样品处理、采用标准、检测过程以及结果报告等，以确保检测过程的科学合理性。凡是参加监测的实验室，必须每年参加能力测试。

随着监测工作的逐步深入开展，为了提高检测的可靠性和可信度，承担检测任务的实验室必须具备实验室认可或计量认证资质。

5. 加强培训与监督工作力度

由于采样送样的科学与否和能否把阳性样品检测出来有非常重要的相关性，也具有很强的技术成分，所以需要加强对各省、市、县采样人员的培训力度。

对各地采样工作实施监督，重点监督：原良种场及苗种场采样、往年阳性场采样、采样鱼规格、采样尾数、采样水温、同一场采样份数、运输方式等内容。

锦鲤疱疹病毒病（KHVD）分析

江苏省渔业技术推广中心

（陈辉　袁锐　方苹　倪金俤　刘迅猛　陈静　吴亚锋　郭立新）

一、前言

锦鲤疱疹病毒病（Koi Herpes Virus Disease，KHVD），属疱疹病毒目（Herpesbirales）异样疱疹病毒科（Alloherpesbiridae）鲤疱疹病毒属（*Cyprinibirus*）成员，是由鲤鱼疱疹病毒引起鲤和锦鲤等鲤科鱼类的一种急性、接触性传染病，其病原为锦鲤疱疹病毒（KHV），又称为鲤鱼间质性肾炎及鳃坏死性病毒（Carpinterstitial Nephritis and Gill Necrosis Virus，CNGV）。

KHV 是线性双股 DNA 病毒，有囊膜，直径 170～230 纳米；核衣壳为二十面体对称，直径 100～110 纳米；由 31 种病毒多肽组成，其中 21 种多肽分子量与鲤疱疹病毒相似，与其同科的 CHV、CCV 之间有免疫交叉反应。病毒的 DNA 分子量大小为 295 千碱基对，可以编码 156 种蛋白质，含有 22 个正向重复序列。Waltzek T B 等通过比较疱疹病毒间的主要囊膜蛋白基因、衣壳蛋白基因、DNA 聚合酶基因、螺旋酶基因这 4 个基因，认为 KHV 与 CyHV－1 和 CyHV－2 十分相近，因此建议 KHV 隶属于 CyHV－3。目前，在 Genebank 中可查询到 4 种病毒毒株，即欧洲株（KHV－E）、美国株（KHV－U）、亚洲株（KHV－J）和以色列株（KHV－I），这 4 株病毒在基因组序列上有高度相似性，值得注意的是，欧洲株亦在中国大陆地区出现，说明我国 KHV 流行呈现病原毒株多样化的倾向。

KHV 的致病性具有水温依赖性，该病毒的最适生活温度为 18～28℃，发病水温主要为 23～28℃。该病多发于春、秋季，潜伏期 14 天，鱼发病并出现症状 24～48 小时后开始死亡，2～4 天内死亡率可迅速达 80%～100%。KHV 的感染谱较小，仅感染锦鲤、鲤以及鲤的普通变种鱼。感染患病鱼表现为游泳异常，体表无明显损伤，但附有白色的不规则白斑，进而整个体表披上白色云雾状膜，在水中非常明显；内脏器官出现病变，肾脏充血、肿大，呈暗红色；肝胰脏肿大，呈灰白色。

此病最早报道于德国和以色列，20 世纪才被确定，现流行于世界各地，是严重威胁养殖业安全的一种疾病。早期的记录表明，1996 年在英国的野生鲤鱼发现锦鲤疱疹病毒病，但没有公开报道；1997 年德国锦鲤观察到本病是首次正式报道。而到了 1998 年，以色列和美国便发生了锦鲤暴发性疾病，并鉴定其病原为 KHV。此后，随着锦鲤与鲤鱼国际贸易的不断发展，KHV 得以迅速传播，目前该病流行范围已遍及欧、亚、美、非各大洲，2002 年首次证实该病已传至我国，该病主要是引起各生长阶段鲤、框

63

镜鲤、锦鲤等鳃坏死性及间质性肾炎，死亡率高达 60%～100%，疫情难以控制，严重威胁我国观赏鱼及鲤的养殖业发展，已引起我国农业部的高度关注。目前，该病在我国的鲤鱼养殖中发病较多，造成鲤鱼的大量死亡，给鲤鱼养殖业带来了严重的经济损失。由于该病致死率高、传播快，已被农业部列为国家二类动物疫病。

为了及时了解全国 KHVD 发病流行情况并有效控制该疫情的发生和蔓延，农业部渔业局于 2014 年下达了"农业部 2014 年动物疫情（KHV）监测与防治项目"，项目承担单位分别为江苏、北京、天津、河北、浙江、辽宁、黑龙江、吉林、甘肃、广西、江西、四川、重庆、安徽共 14 个省（市）的水产技术推广站（或水生动物疫病预防控制中心）。项目下达后各承担单位能够按照监测实施方案的要求和相关会议精神，认真组织实施，较好地完成了年度目标和任务。现将 2014 年度监测实施情况总结如下。

二、各省开展 KHV 疫病的监测情况

2014 年我国首次系统开展了 KHV 疫病全面监测工作，因锦鲤疱疹病毒对于我国的观赏鱼、锦鲤养殖危害较大，监测点的设置以原种场、良种场、观赏鱼及鲤鱼养殖场为重点，本着以查明病原流行情况和动态分布为原则，监测品种包括锦鲤、鲤及其普通变种鱼等，监测范围覆盖北京、甘肃、广西、河北、黑龙江、吉林、江苏、江西、四川、天津、浙江、重庆、辽宁、安徽共 14 个省（市）。

按照监测实施工作的要求，2014 年的监测时间为 3—11 月，覆盖所有可能发病的时间点，全年采集、检测的样品为 318 个。采样和调查工作由其各省（市）负责，检测工作由具有 KHV 检测资质的实验室负责，确保了检测结果的有效性和可靠性。江苏省水生动物疫病预防控制中心承担江苏、安徽 2 省的样品检测；北京市水产技术推广站负责北京、黑龙江、甘肃 3 省（市）的样品检测；天津市水生动物疫病预防控制中心负责天津、四川 2 省（市）的样品检测；辽宁省出入境检验检疫局负责辽宁省的样品检测，由广西大学负责广西壮族自治区的样品检测；河北、吉林、江西、浙江、重庆等省（市）自行组织检测。

2014 年，各省（市）监测承担单位严格按照《水生动物产地采样技术规范（SC/T 7103—2008）》要求进行样品采集工作，按照《鲤疱疹病毒检测方法第一部分：锦鲤疱疹病毒（SC/T 7212.1—2011）》为检测标准，对样品进行处理与检测，且均 100% 完成计划任务。

（一）各省监测情况分析

2014 年度 KHV 疫病监测共采集样品 318 份，各地监测情况如图 1 所示，其中，检出阳性 4 例，分别是广西 3 例，江苏 1 例。所设监测点共 220 个，其中国家级原良种场 7 个、省级原良种场 26 个、重点养殖场 53 个、观赏鱼养殖场 65 个、成鱼养殖场 69 个。

各省监测点设置分布情况如图 2 所示，监测点基本覆盖了苗种场、成鱼养殖场和观赏鱼养殖场 3 种类型，由于 KHV 主要感染锦鲤和鲤鱼，因此，对成鱼养殖场和观赏鱼养殖场这两种类型养殖场的跟踪监测是不容忽视的。然而苗种的健康与否直接影响

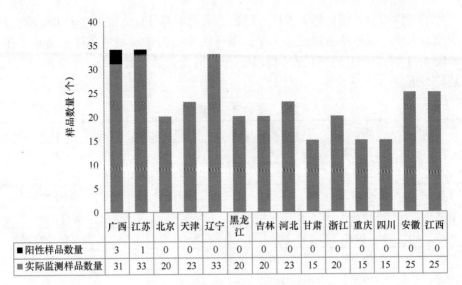

样品数量（个）	广西	江苏	北京	天津	辽宁	黑龙江	吉林	河北	甘肃	浙江	重庆	四川	安徽	江西
■ 阳性样品数量	3	1	0	0	0	0	0	0	0	0	0	0	0	0
■ 实际监测样品数量	31	33	20	23	33	20	20	23	15	20	15	15	25	25

图1　各省检测任务完成情况

成鱼的养殖效益，因此，对于苗种场的监测尤其是国家级和省级的良种场的监测应是重中之重，从疫病防控、以防为主的思路出发，今后监测点的设置上还需要提高国家级良种场和省级良种场这两种监测点的比例。

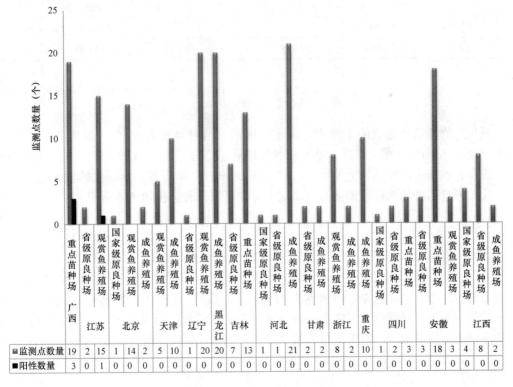

	广西	江苏		北京		天津		辽宁	黑龙江	吉林	河北			甘肃		浙江		重庆	四川			安徽			江西		
	重点苗种场	省级原良种场	观赏鱼养殖场	国家级原良种场	观赏鱼养殖场	成鱼养殖场	观赏鱼养殖场	省级原良种场	观赏鱼养殖场	成鱼养殖场	省级原良种场	重点苗种场	国家级原良种场	省级原良种场	成鱼养殖场	省级原良种场	成鱼养殖场	观赏鱼养殖场	成鱼养殖场	成鱼养殖场	国家级原良种场	省级原良种场	重点苗种场	省级原良种场	重点苗种场	观赏鱼养殖场	国家级原良种场	省级原良种场	成鱼养殖场
■ 监测点数量	19	2	15	1	14	2	5	10	1	20	20	7	13	1	1	21	2	2	8	2	10	1	2	3	3	18	3	4	8	2
■ 阳性数量	3	0	1	0	0	0	0	0	0	0	0	0	0	0	0	0	0	0	0	0	0	0	0	0	0	0	0	0	0	0

图2　各省监测点设置情况

各省的采样对象、每份样品规格、尾数、采集水温等总体数据如表1所示。从表1可以看出，采样的规格基本以成鱼为主，苗种的检疫力度不够。采样水温基本在18～28℃，完全覆盖了KHV疫情的发病水温，采样对象包括锦鲤、鲤、禾花鲤以及其他鲤的普通变种等。

表1 各省份采样情况统计

省（市、区）	规格	每份样品数量（尾）	水温（℃）	检测品种
江苏	5～10厘米	150	25	锦鲤
安徽	4～14厘米	150	28～29	鲤
天津	15～40厘米	150	27～28	锦鲤、鲤
北京	5～15厘米	150	25～28	锦鲤、鲤
浙江	10～60克	150	27.5～30.8	锦鲤、鲤
广西	3～10厘米	150	18～25	禾花鲤、鲫、锦鲤
河北	5～10厘米	150	25～28	锦鲤、鲤
江西	5～15厘米	150	25～27	锦鲤、鲫、荷包红鲤、兴国红鲤
吉林	10～25厘米	150	28	鲤
黑龙江	13厘米	150	28	鲤
辽宁	1～6厘米	150	21.5～28	锦鲤、鲤
四川	10～300克	150	18～25	锦鲤、建鲤
重庆	10厘米	150	18～23	锦鲤、鲤、鲫、鳙、草鱼
甘肃	3～5厘米	150	26	鲤

（二）监测点设置分布总体情况分析

从总的样品监测点的来源看，如图3所示，苗种养殖场86份，观赏鱼养殖场65份，成鱼养殖场69份。其中，来自苗种场的样品占总样品数的39.1%，观赏鱼养殖场和成鱼养殖场占总样品数分别为29.5%、31.4%。总体而言，监测点的设置选择较为平均，来自苗种场的样品稍多一些，这也体现了以苗种监控为主的防控思路。

（三）不同养殖模式监测点设置情况

2014年度各省不同养殖模式监测点设置情况如图4所示，除北京、天津、辽宁的监测点包括池塘和工厂化养殖模式以外，其余省份均是池塘养殖模式，工厂化养殖监测点共有9个，而池塘养殖监测点为211个，占到总监测点的95.9%。由于锦鲤疱疹病毒的宿主主要是锦鲤等观赏鱼，而我国目前的观赏鱼养殖模式主要以池塘养殖为主，不分南北，所以池塘养殖观赏鱼的监测是锦鲤疱疹病毒疫情监测的重中之重。

（四）阳性监测点情况

2014年全国KHV疫情监测共检出4例阳性，其所在监测点均为观赏鱼养殖场，

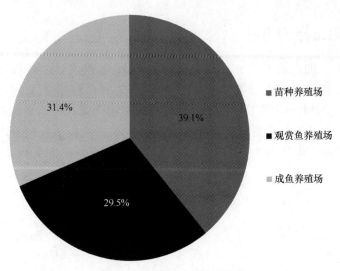

图3 监测点分布总体情况

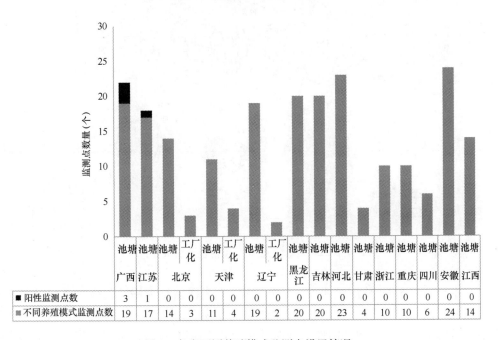

图4 各省不同养殖模式监测点设置情况

广西检出的3例阳性为禾花鲤，分别是：广西全州蒋安石鱼种场（2个样品）、广西全州熊友忠鱼种场（1个样），检测时间为2014年6月13日，发病水温为25℃。江苏省徐州市田园养殖有限公司（1个样品），品种为锦鲤，检测时间为2014年7月8日，发病水温也为25℃，阳性样品经测序、NCBI比对为KHV毒株。

三、检测结果分析

在各省（市）的检测样品中，KHV 检测结果呈阴性的有 314 个样品，检出呈阳性的样品有 4 个，阳性检出率为 1.3%。广西全州蒋安石鱼种场 2 个样品，品种为禾花鲤，检测时间为 2014 年 6 月 13 日，检出机构为广西大学；广西全州熊友忠鱼种场 1 个样品，品种为禾花鲤，检测时间为 2014 年 6 月 13 日，检出机构为广西大学；江苏省徐州市田园养殖有限公司 1 个样品，品种为锦鲤，检测时间为 2014 年 7 月 8 日，检出机构为江苏省水生动物疫病预防控制中心。其分布如图 5 所示。

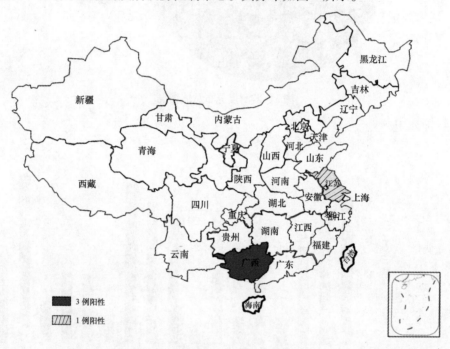

图5　2014 年全国 KHV 疫情检测结果分布

从本年度的 KHV 检测结果看，4 个阳性，1 个样品是锦鲤，其余 3 个样品是禾花鲤，这一结果与锦鲤疱疹病毒病的宿主研究高度吻合，即锦鲤与鲤及其普通变种为该病毒的敏感宿主。而检测到阳性病样时的水温均在 25℃ 左右，是锦鲤疱疹病毒病发病的最适温度，而且检测出 KHV 阳性的观赏鱼养殖场出现了暴发性、大面积的死亡情况，可见 KHV 对于养殖业的健康发展威胁较大，一旦大面积暴发，病情将难以控制。此外 KHV 的感染具有季节性，即在 18~28℃ 间会引起高死亡率，而低于 13℃ 或高于 28℃ 便较少发病，因此，温度等气候因子是该病暴发的一个主要诱发因素。

综上所述，我国近期 KHV 尚未呈现暴发趋势，而是以点状分布为主，但是由于 KHV 病毒水平传播极快，具"星星之火可燎原"之势，该病目前以点状分布的形式出现在江苏、广西等省（区），因此，该病仍然存在大面积暴发的隐患，尤其在发病最适宜水温期间易感染发病，造成局部地区的暴发性流行。

四、KHV 疫病风险分析及建议

（一）未来发病趋势分析

从 2014 年全国监测反映的情况看，KHV 疫病当前主要感染锦鲤等观赏鱼品种，我国是观赏鱼进出口大国，国际贸易越来越频繁。改革开放 30 多年来，观赏鱼进出口贸易呈总体上升趋势，每年产生的观赏鱼贸易额已经超过 2 亿美元。目前，观赏鱼的养殖已经成为我国渔业养殖的重要组成部分，据统计，我国观赏鱼年产量已经突破35 900万尾，年产量超亿尾的省（市）有 8 个，分别是广东、天津、北京、河南、吉林、江苏、辽宁、浙江。与此同时，我国每年又有大量观赏鱼进出口，因此，病原通过各种途径传播的风险极高，很容易扩散流行。以国外来看，自从 KHV 疫病在以色列首次报道之后，仅一年内就蔓延至整个欧洲，4～5 年内在全球范围内普遍感染与传播。而与其相似的异育银鲫鳃出血病（病原为 Cyhv－2，与 KHV 同属疱疹病毒属）在江苏盐城地区出现仅一年后，就蔓延至整个江苏省，进而在湖北等其他鲫鱼主产区暴发疫情。种种迹象表明，该病目前虽然只是点状分布，而且地域分布较远，还未大面积、大规模发病，因此，在近期内不太可能出现大规模疫情，但由于对该病的防治措施还不完善，相关的苗种检疫制度也还未完全建立，今后 3～5 年内很有可能给我国观赏鱼养殖尤其是锦鲤养殖带来极大的安全隐患。其潜在的巨大危害不容小觑。因此，加强对KHV 疫病的防疫检疫，采取切实有效的防控措施避免该病的大面积流行传播已经刻不容缓。

（二）KHVD 防控措施建议

针对该种疫病我们建议可从疫病监测、源头控制、养殖管理等以下几个方面来加强对该病的风险管理。

1. 继续努力做好 KHV 的疫病监测工作

及时了解该病的发生规律，随时掌握 KHVD 流行及动态分布情况，为防控提供依据。

2. 各地区水生动物监督机构应做好检验检疫工作

及时了解和掌握 KHV 发病情况，在准备引进观赏鱼新品种时，特别是跨地域引种时，应提前了解当地或者附近区域是否发生过水生动物疫病，避免疫区域引种。对观赏鱼养殖的良种场、苗种场、成鱼养殖场应建立长期监督机制，建立检疫合格管理制度，对未经检疫合格的亲本、苗种及其他材料不容许流通从而保证源头的质量安全。

3. 坚持做好隔离检疫

对于购进的观赏鱼，应坚持做好前期的隔离暂养工作。在隔离期间，一方面进行健康状况的观察；另一方面及时向当地水产检疫部门进行申报检疫。检疫合格后，可以正式养殖。如检疫不合格，或者检疫结果携带病原，应按照国家相关规定，对检疫品种进行无害化处理或者净化。

4. 做好常规管理工作

日常养殖做好水质管理、合理投饵及科学用药等环节。创造良好的养殖环境，采用科学的饲养管理方法，都是做好防疫的重要步骤。自身体质健壮、生长代谢机能与免疫系统正常，才能减少由于外界环境刺激而造成的损伤，从而增加各方面的抵抗能力。

五、锦鲤疱疹病毒病专项监测工作存在的问题及建议

（一）问题

KHV专项监测工作，为我国渔业主管部门更详尽地了解、掌握水生动物疫情提供了更有利的技术支撑。通过此次大范围内的KHV的检测工作，基本查清了我国观赏鱼及鲤鱼的KHV发病状况，即KHV在我国基本上还是以点状发病为主，尚未形成大面积暴发的情况。然而该项工作也还存在一些亟须解决的问题，主要有以下几个方面。

（1）各省（市）对KHV疫病造成的损失和对产业的影响认识不足，宣传不够，致使各级主管部门支持力度不大，影响采样等工作的有效开展。

（2）部分省份没有在该病最适发病水温下采样和送样，采样品种还不够精确，可能造成漏检。

（3）各机构在监测过程中的信息交流和沟通严重不足，尤其对阳性样品通报只有单向的报告制度，缺少信息共享制度，不利于尽早控制疫病传播和其他地区的防控。

（4）尚未全面的对阳性地区和阳性场进行流行病学调查工作，尚不了解该地区或该场病原的流行情况。

（5）专项监测中各项费用因成本普遍增加已明显不足。

（6）对于阳性场的处理应出台明确的细则，有利于防控工作的落实。

（二）建议

1. 进一步加大水生动物防疫工作的宣传力度

利用各种手段加强对水生动物防疫工作的宣传，提供认识，使各级主管部门切实负起防疫主体责任；同时应加强养殖业者的宣传和教育，明确防疫工作的核心内容是保护和促进产业的发展，使养殖业者支持采样、抽检和疫病处置工作。

2. 完善采样、抽检和送样的技术要求

避免无意义的采样活动；继续KHV的监测、普查工作，掌握我国观赏鱼及鲤鱼主养区的疫病发生情况。尤其对以往发生过KHV的养殖场及相关流域加大采样密度，切实了解KHV的发病现状，并为各级政府的疫病控制决策提供依据。

3. 加强信息沟通和交流

各监测单位应及时通报检测情况，以便各方面及时有效地进行疫病处理和防控。

4. 应有的放矢地开展 KHV 流行病学的调查工作

对阳性场的亲本来源、苗种的流行应进行跟踪溯源，彻底消除隐患。对阳性病料应进行基因测序，建立病原库，保存好病原材料。

5. 建立合理费用制度

专项检测费用应根据实际需要进行调整，同时加大劳务和运输费用的比例。

6. 出台管理办法

对于阳性场的处理是一个亟待解决的问题，目前国家虽然出台了《动物防疫法》《重大动物疫情应急条例》和《国家突发重大动物疫情应急预案》，但在实际动物疫病处理过程中缺乏可执行的操作细则，致使疫病处置职责不清，阳性场也不愿进行无害化处理，即使各机构检测出了疫病，但因没有很好地处置，病原依旧处在失控状态，十分不利于疫病的控制，建议应尽快出台管理办法。

白斑综合征（WSD）分析

中国水产科学研究院黄海水产研究所

（董宣　黄倢）

一、前言

白斑综合征（White Spot Disease，WSD）是一种由白斑综合征病毒（White Spot Syndrome Virus，WSSV）引起的严重危害甲壳类养殖的重要病毒病。该病毒是一种大型的具有囊膜、杆状的双链 DNA 病毒，病毒粒子大小为（80～120）纳米×（250～380）纳米，基因组大小约 300 千碱基对，为线头病毒科（Nimaviridae）白斑病毒属（Whispovirus）。该病毒感染虾类的甲壳下表皮、胃上皮、附肢、造血组织、鳃、精巢及卵巢等组织，甲壳下上皮细胞和鳃对 WSSV 最敏感。感染对虾发病后可能表现出红体、甲壳上白斑、空肠空胃、眼球无反光、腹肌微白、甲壳易剥离、血淋巴不凝固、厌食、水面独游、反应迟钝、昏睡等症状，急性发病时死亡率高达 70%～90%，发病养殖池塘由于对虾出现在浅水区域和在水表面游动，而出现吸引水鸟的现象。

白斑综合征的疑似症状和疫情于 1992 年首次在我国台湾和大陆南方的部分对虾养殖区域被注意到，1993 年迅速传到我国北方以及日本和几乎所有的亚洲沿海国家，当年分别由我国科学家及日本研究者发现并确认了是由新病毒（当时分别被命名为皮下及造血组织坏死杆状病毒和日本对虾棒形病毒，现已统称为 WSSV）；于 1995 年首次在美国得克萨斯州南部的一个虾场中报道；1995—2005 年该病在北美洲和南美洲不断蔓延，1999 年在厄瓜多尔的一些养殖场引起了大量的死亡率，根据 OIE 的数据，WSD 最近作为新发疫病的记录是 2005 年在巴西大规模暴发。

我国研究人员 1993—1999 年在山东、辽宁、浙江、广东等省（市）开展了 WSD 的流行病学调查。早期的 WSD 暴发表现为传播快、发病急、病情重、死亡率高的特点，在历年高产、精养、投喂鲜活饵料、大排大灌的养殖场发病尤其严重。各地的发病均集中在对虾养殖前期的较短时间大批出现，在养殖期较长的地区，还会呈现两次发病或多次发病的情况；各地的发病多出现气象变化剧烈时期，例如，冷空气活动频繁或雨季，养殖池藻相易下沉，池水突然变清，极易发病。病害发生后的 2～3 年内，流行范围迅速扩大到了全国的对虾养殖区。在 20 世纪 90 年代末，随着鲜活饲料的禁用、新的防病措施的研发和对该病发生规律的逐步掌握，新出现了砂滤水、高位池、地膜池等养殖模式，疫病的流行和暴发得到一定程度的缓解，本地虾中的养殖产量逐步恢复到了疾病发生前的水平。随着凡纳滨对虾的引进和大规模养殖，这个品种在早期养殖中表现出对 WSD 的一定程度的耐受能力，新品种和新养殖模式的普及使对虾养殖产业在 2000 年以后得以迅速发展。以白斑为特征的 WSD 在大规模的凡纳滨对虾养殖产业中表现出的症状逐渐被"红体病""偷死病"等新的疫病形式取代，许多养殖场的发病过程趋缓，历时变长。近年来黄海水产研究所等单位开展的对虾流行病学调查表明，2000 年以后产业中流传的凡纳滨对虾"红体病"是桃拉综合征病毒（TSV）引起的说法并不正确，TSV 在我国养殖对虾中的检出率并不突出，"红体病"其实是 WSD 在凡纳滨对虾上的突出表现。我国沿海和大陆的凡纳滨对虾、克氏原螯虾等有甲壳类养殖的省（市），包括新疆，目前均已存在 WSD 的流行。

WSSV 能感染几乎所有十足目甲壳动物，各种对虾、新对虾、脊尾白虾、毛虾、日本沼虾、克氏原螯虾、龙虾、梭子蟹、中华绒螯蟹、青蟹、蛳等经济甲壳动物，以及糠虾、鼓虾、美人虾、长臂虾、虎头蟹、厚蟹、近方蟹、大眼蟹、长方蟹、相手蟹等野生甲壳动物都可能感染发病；沼虾感染后可能不表现临床症状，非十足目的甲壳动物，例如口足目、桡足类、轮虫、藤壶、卤虫等也可能成为无症状感染者。一些受污染的贝类、沙蚕（多毛类）、等足类等可能成为非感染携带者。该病可经垂直传播、经水平传播或经水体传播。疾病暴发的适宜温度为 18 ~ 30℃，气候突变、温度、盐度、pH 值等水质条件突变或低溶氧、高氨氮、高亚硝氮等水质条件变差这些应激条件下会激发潜伏性感染，导致急性发病和大量死亡。水温适宜条件下，该病周年均可发生，入池越冬的亲虾，仍可观察到有发病死亡的现象，但低温时病毒多呈潜伏感染。多年的流行病学调查监测表明该病自 1993 年发生后，一直是我国对虾养殖危害最严重的疾病，已经遍布我国虾类主要养殖地区，对我国甲壳类的养殖产业构成极大的威胁。

WSSV 在世界范围内广泛传播造成了巨大的经济损失，成为威胁甲壳类养殖业的主要疾病。1995 年世界动物卫生组织（OIE）、联合国粮农组织（FAO）及亚太水产养殖中心网络（NACA）将其列为必须申报的动物疫病；2008 年 11 月农业部发布的《一、二、三类动物疫病病种名录》中，WSD 被列为一类动物疫病；2011 年的《鱼类产地检疫规程（试行）》中，农业部将其列入产地检疫对象，农业部从 2007 年开始在全国部分省份对 WSSV 开展了专项监测。

二、全国各省开展白斑综合征的监测情况

（一）概况

农业部组织全国水产病害防治体系，从 2007 年开始逐步在部分省（市、区）开展了 WSSV 的专项监测工作，最早在广西开展监测工作，监测涉及 6 个县区，26 个乡镇，共设 250 个监测点，采样合计 260 个。2008 年监测扩大到广西和广东，监测涉及 15 个县，47 个乡镇，共设 329 个监测点，采样合计 447 个。2009—2014 年，监测范围扩大 [2009 年包括广西、山东、河北和天津 4 个省（市）；2010 年包括广西、广东、山东、河北和天津 5 个省（市、区）；2011—2013 年包括广西、广东、江苏、山东、天津和河北 6 个省（市、区）；2014 年包括广西、广东、福建、浙江、江苏、山东、天津、河北

和辽宁9个省（市、区）]，采样数量大幅度增加，每年涉及20～90个县，51～167个乡镇，335～614个监测点，645～1 425份样本。WSD 累计检测样品数 7 242 份，其中广西、天津和广东检测样品数量排在前三位（图1）。2014 年 WSSV 监测涉及90个县，167个乡镇，494个监测点，其中国家级良种场2个，省级原良种场15个，重点苗种场198个，对虾养殖场279个，监测点以对虾养殖场为主，占监测点56.5%。2007—2014年，各监测省份均全部完成国家监测采集任务（表1）。

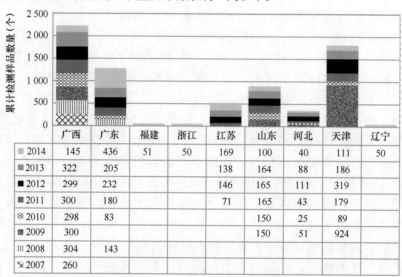

	广西	广东	福建	浙江	江苏	山东	河北	天津	辽宁
▦ 2014	145	436	51	50	169	100	40	111	50
▨ 2013	322	205			138	164	88	186	
▬ 2012	299	232			146	165	111	319	
▬ 2011	300	180			71	165	43	179	
⊠ 2010	298	83				150	25	89	
▤ 2009	300					150	51	924	
▥ 2008	304	143							
⋈ 2007	260								

纵轴：累计检测样品数量（个）

图1　2007—2014 年参加 WSD 监测的省（市、区）和采样数量

表1　2007—2014 年监测省（市、区）采样情况

监测省（市、区）	广西	广东	福建	浙江	江苏	山东	河北	天津	辽宁
监测样品数（个）	2 228	1 279	51	50	524	894	358	1 808	50

（二）不同养殖模式监测点情况

2007—2014 年各省（市、区）的专项监测数据表统计表明（图2和图3），各地记录监测模式的监测点共 3 772 个。其中，池塘养殖的监测点 2 269 个，占全部监测点的60.2%；工厂化养殖的监测点 1 497 个，占全部监测点的39.7%；其他养殖模式的监测点6个，占全部监测点的0.2%。

（三）连续设置为监测点的情况

广西共有 1 380 个 WSD 监测点，330 个进行了多年监测，其中240 个进行了2 年及2 年以上的连续监测；广东省共有 233 个 WSD 监测点，71 个进行了多年监测，其中34个进行了2 年及2 年以上的连续监测；江苏省共有 294 个 WSD 监测点，57 个进行了多

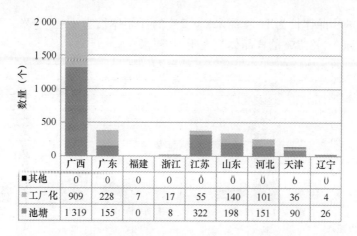

	广西	广东	福建	浙江	江苏	山东	河北	天津	辽宁
■ 其他	0	0	0	0	0	0	0	6	0
■ 工厂化	909	228	7	17	55	140	101	36	4
■ 池塘	1 319	155	0	8	322	198	151	90	26

图2　2007—2014年全国各省（市、区）监测对象养殖模式数量

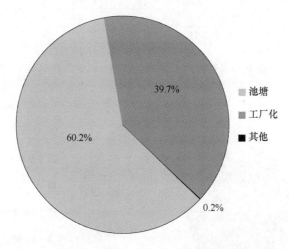

图3　2007—2014年全国监测对象的养殖模式比例

年监测，其中48个进行了2年及以上的连续监测；山东省共有185个WSD监测点，45个进行了多年监测，其中30个进行了2年及以上的连续监测；河北省共有150个WSD监测点，49个进行了多年监测，其中20个进行了2年及以上的连续监测；天津市共有108个WSD监测点，15个进行了多年监测，其中10个进行了2年及以上的连续监测。而福建、浙江和辽宁为2014年第一次参加WSSV的监测，无连续2年被设置为监测点的情况。

（四）2014年采样的品种、规格

2014年各省根据当地主要养殖的甲壳类及WSSV的易感品种确定具体监测种类。采样的品种主要包括凡纳滨对虾、中国对虾、日本对虾、克氏原螯虾和中华绒螯蟹。

记录了采样规格的样品共904份（图4和图5）。其中，30.3%的样品体长小于1

厘米，24.7% 的样品体长为 1~4 厘米，6.2% 的样品体长为 4~7 厘米，30.1% 的样品体长为 7~10 厘米，8.7% 的样品体长大于 10 厘米。

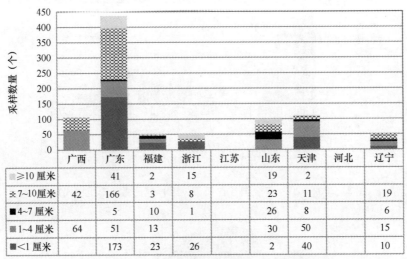

	广西	广东	福建	浙江	江苏	山东	天津	河北	辽宁
≥10 厘米		41	2	15		19	2		
7~10 厘米	42	166	3	8		23	11		19
4~7 厘米		5	10	1		26	8		6
1~4 厘米	64	51	13			30	50		15
<1 厘米		173	23	26		2	40		10

图 4 2014 年 WSD 监测省（市、区）采样数量

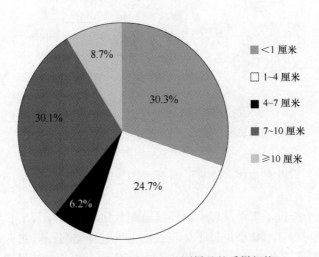

图 5 2014 年全国 WSD 监测样品的采样规格

（五）抽样的自然条件（如时间、气候、水温等）

2014 年记录了采样时间的样品共 1 105 份。其中，1.1% 的样品在 2014 年 2 月份采集，2.7% 的样品在 3 月份采集，13.5% 的样品在 4 月份采集，24.9% 的样品在 5 月份采集，18.6% 的样品在 6 月份采集，12.6% 的样品在 7 月份采集，6.6% 的样品在 8 月份采集，12.7% 的样品在 9 月份采集，7.1% 的样品在 10 月份采集，0.3% 的样品在 11 月份采集（图 6 和图 7）。

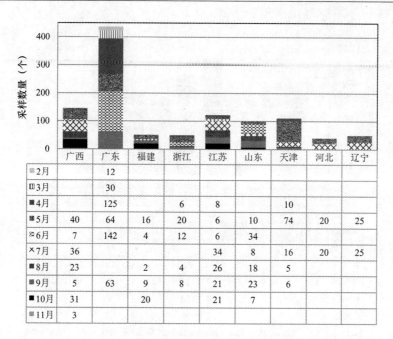

	广西	广东	福建	浙江	江苏	山东	天津	河北	辽宁
2月		12							
3月		30							
4月		125		6	8		10		
5月	40	64	16	20	6	10	74	20	25
6月	7	142	4	12	6	34			
7月	36				34	8	16	20	25
8月	23		2	4	26	18	5		
9月	5	63	9	8	21	23	6		
10月	31		20		21	7			
11月	3								

图6 2014年WSD监测省（市、区）采样时间及数量

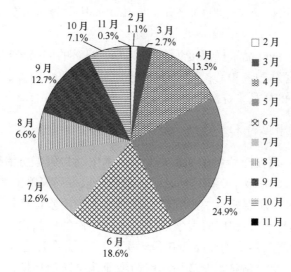

图7 2014年全国WSD监测样品的采样时间分布

　　2007—2014年各专项监测省（市、区）专项监测数据表有采样时间记录的样品共5 362份，5—9月份采集的样品占样品总量的85.3%，广东和江苏全年各月份均有采样（图8）。

　　2014年记录了采样温度的样品共398份。其中，8%的样品采样温度低于24℃；2%的样品采样温度为24～25℃；6%的样品采样温度为25～26℃；10%的样品采样温

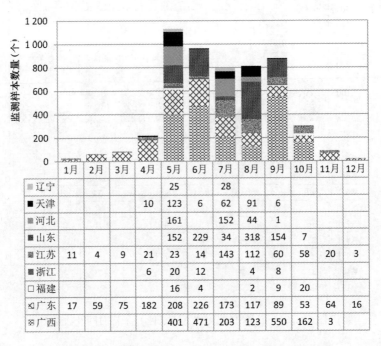

	1月	2月	3月	4月	5月	6月	7月	8月	9月	10月	11月	12月
辽宁					25		28					
天津				10	123	6	62	91	6			
河北					161		152	44	1			
山东					152	229	34	318	154	7		
江苏	11	4	9	21	23	14	143	112	60	58	20	3
浙江				6	20	12		4	8			
福建					16			2	9	20		
广东	17	59	75	182	208	226	173	117	89	53	64	16
广西					401	471	203	123	550	162	3	

图8 2007—2014年各省（市、区）每月采样数量分布

度为26～27℃；19%的样品采样温度为27～28℃；23%的样品采样温度为28～29℃；11%的样品采样温度为29～30℃；9%的样品采样温度为30～31℃；10%的样品采样温度为31～32℃；2%的样品采样温度为32～33℃（图9和图10）。

（六）样品检测单位和检测方法

各省（市、区）调查样品委托了相关大学、水生动物病害防治机构、渔业环境或水产品质量检验机构、省级水产研究所、出入境检验检疫局等单位进行了实验室检测。

广西壮族自治区分别委托了中山大学、深圳出入境检验检疫局、广西渔业病害防治环境监测和质量检验中心和广西大学承担了不同年份的样品检测。中山大学承担了其2007年的样品检测，共检测样品260份；深圳出入境检验检疫局承担了其2008—2010年的样品检测，共检测样品902份；广西渔业病害防治环境监测和质量检验中心承担了其2011年和2012年的样品检测，共检测样品599份；广西大学承担了其2013年和2014年的样品检测，共检测样品467份；广东省采集的样品大多数来源于湛江市，湛江市水生动物防疫检疫站承担了其2008年、2010年、2012年、2013年和2014年的样品检测，共检测样品1 279份；福建省水产研究所承担了福建省2014年的样品检测，共检测样品51份；浙江省水生动物防疫检疫中心承担了浙江省2014年的样品检测，共检测样品50份；江苏省水生动物疫病预防控制中心承担了江苏省2011—2014年的样品检测，共检测样品524份；农业部渔业产品质量监督检验测试中心（烟台）承担了山

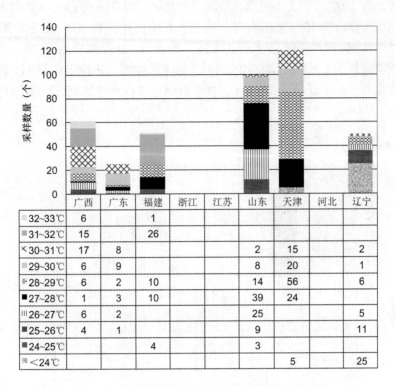

	广西	广东	福建	浙江	江苏	山东	天津	河北	辽宁
32~33℃	6		1						
31~32℃	15		26						
30~31℃	17	8				2	15		2
29~30℃	6	9				8	20		1
28~29℃	6	2	10			14	56		6
27~28℃	1	3	10			39	24		
26~27℃	6	2				25			5
25~26℃	4	1				9			11
24~25℃			4			3			
<24℃							5		25

图 9　2014 年 WSD 监测省（市、区）采样温度分布

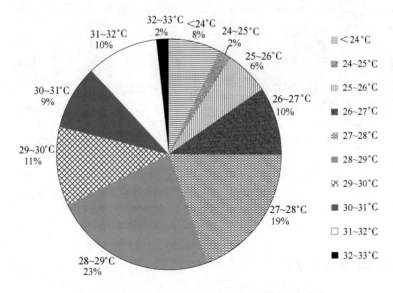

图 10　2014 年全国 WSD 监测样品的采样温度分布

东省 2009—2014 年的样品检测，共检测样品 894 份；河北省水产养殖病害防治监督总

79

站承担了河北省 2009—2014 年的样品检测，共检测样品 358 份；天津水产养殖病害防治中心承担了天津市 2010 年的部分样品检测，共检测样品 60 份；天津市 2010 年的另一部分样品的检测工作由河北省水产技术推广站承担，共检测样品 29 份；天津市水生动物疫病预防控制中心承担了天津市 2014 年的样品检测，共检出样品 111 份；辽宁出入境检验检疫局承担了辽宁省 2014 年的样品检测，共检测样品 50 份（图11）。

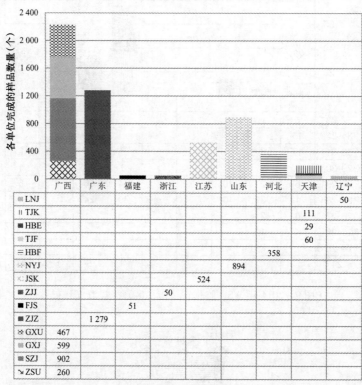

图 11　2007—2014 年 WSD 样品送检单位和样品数量

ZSU：中山大学；SZJ：深圳出入境检验检疫局；GXJ：广西渔业病害防治环境监测和质量检验中心；GXU：广西大学；ZJZ：湛江市水生动物防疫检疫站；FJS：福建省水产研究所；ZJJ：浙江省水生动物防疫检疫中心；JSK：江苏省水生动物疫病预防控制中心；NYJ：农业部渔业产品质量监督检验测试中心（烟台）；HBF：河北省水产养殖病害防治监测总站；TJF：天津水产养殖病害防治中心；HBE：河北省水产技术推广站；TJK：天津市水生动物疫病预防控制中心；LNJ：辽宁出入境检验检疫局

三、检测结果分析

（一）总体阳性检出情况及其区域分布

WSSV 的专项监测自 2007 年开始先后在沿海不同省（市、区）开始实施，2007 年广西最早开始监测，随后广东（2008）、河北（2009）、天津（2009）、山东（2009）、江苏（2011）、浙江（2014）和辽宁（2014）等省（市）开始监测。总监测范围涉及2 408个养殖场点，监测样品7 242批次，其中阳性样品1 231批次，平均样品阳性率17.0%，在2010年后样品阳性率有降低的趋势（图12）。

经过8年的专项监测表明，在所有参加WSD监测的沿海省（市、区）中，除了第一次参加监测任务的辽宁未能检出阳性，其他所有省（市、区）都在不同年份检测出WSSV阳性，表明我国主要甲壳类养殖区都可能有不同程度的WSSV感染。

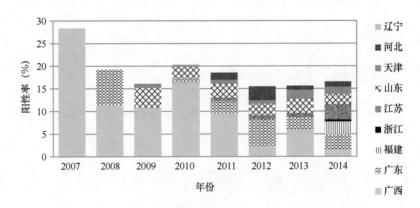

图12　2007—2014年监测样品中WSSV的平均阳性率

注：阳性率是以各年份的样品总数为基数计算。

（二）易感宿主

研究表明，多数十足目甲壳动物是WSSV的易感宿主，包括凡纳滨对虾、中国对虾、斑节对虾、日本对虾、墨吉对虾、克氏原螯虾、脊尾白虾等主要养殖虾类，也包括糠虾、野生小型蟹类等野生小型甲壳类，在轮虫、桡足类等浮游甲壳动物中也检出了WSSV的存在。2014年WSSV专项监测结果显示，阳性样品种类有凡纳滨对虾、克氏原螯虾、中国对虾、罗氏沼虾、日本对虾、日本沼虾、蟹类等。其中凡纳滨对虾阳性样品的数量最多，约占全部阳性样品的80%；克氏原螯虾约占6%；中国对虾、罗氏沼虾、日本对虾和蟹类，均约为3%。

（三）不同养殖规格的阳性检出情况

2014年WSD的专项监测中，记录了采样规格的阳性样品共136份。其中，体长为10厘米以上的采样样品阳性检出率最高，为29.1%；其次为4~7厘米，阳性检出率为23.2%；1~4厘米样品的阳性检出率为13.0%（图13和图14）。

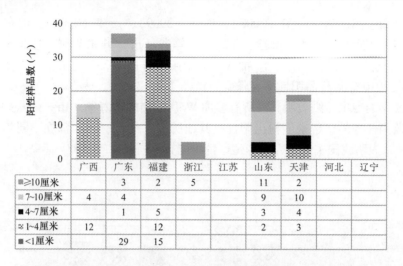

图13 2014年不同省（市、区）阳性样品的采样规格及样品数量

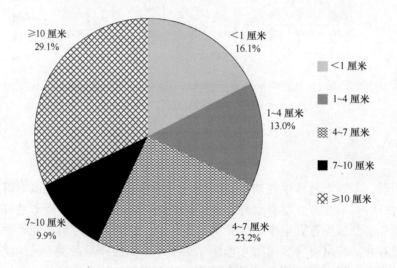

图14 2014年全国监测阳性样品的采样规格分析

（四）阳性样品的月份分布

2014年WSD的专项监测中，记录了采样月份的阳性样品共174份。其中，8月份采样样品的阳性检出率最高，为34.6%，其次为10月份，阳性率为34.2%，3月份采样样品的阳性检出率为33.3%（图15和图16）。

统计2007—2014年各省（市、区）记录有采样月份的阳性样品总数为1 050份，平均阳性率为19.6%，其中2—3月份和8—10月份呈现两个阳性率高峰，3月份的阳性率高峰主要是由于广东省的监测样品，8—10月份的阳性率高峰主要是因为广西、山东和福建等省（区）的监测样品（图17）。

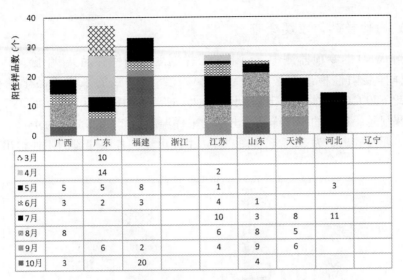

	广西	广东	福建	浙江	江苏	山东	天津	河北	辽宁
◨3月		10							
▧4月		14			2				
■5月	5	5	8		1			3	
▨6月	3	2	3		4	1			
■7月					10	3	8	11	
▨8月	8				6	8	5		
▨9月		6	2		4	9	6		
▨10月	3		20			4			

图15　2014 年不同省（市、区）阳性样品的月份分布和样品数

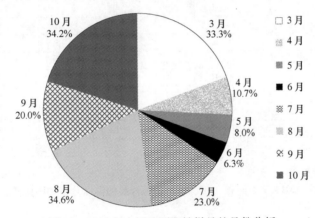

图16　2014 年全国监测阳性样品的月份分析

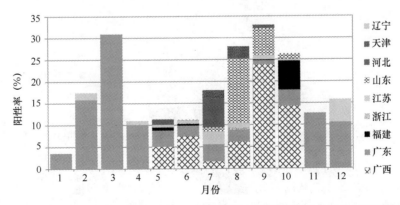

图17　2007—2014 年不同省（市、区）专项监测阳性样品的月份分布和阳性率
注：阳性率是以各月份的总样品数为基数计算。

（五）阳性样品的温度分布

2014 年 WSD 的专项监测中，记录了采样温度的阳性样品共 90 份。其中，24～25℃的采样样品阳性检出率最高，为 42.9%；28～29℃的采样样品阳性检出率为 28.0%；29～30℃的采样样品阳性检出率为 25.0%（图 18 和图 19）。而 2007—2014 年的监测结果显示，最高的阳性样品检出率的采样温度为 27～28℃，为 43.8%；其次为 28～29℃，阳性检出率为 32.7%（图 20）。由此可见，各温度段的阳性检出率受采样的影响很大。

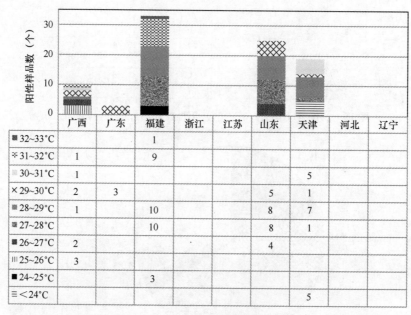

图 18 2014 年不同省（市、区）阳性样品的温度分布和阳性样品数

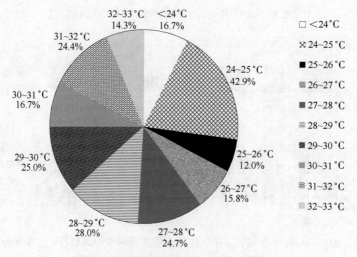

图 19 2014 年全国监测阳性样品的温度分析

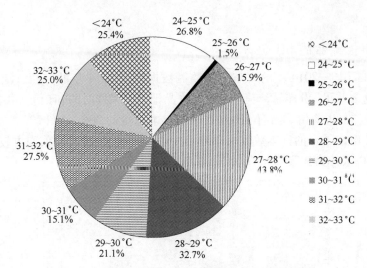

图 20　2007—2014 年全国监测阳性样品的温度分析

2008 年和 2010—2014 年的广东专项监测数据以及 2014 年的广西、福建、山东和天津专项监测数据包含 1 687 份样品，其中 754 份样品记录了采样时的水温，其中阳性 153 份，占有水温数据样本总量的 9.1%。对不同温度区段进行统计，表明水温在不高于 24℃的阳性率最高，平均为 51.4%（$n = 35$），而水温在 25～31℃范围的平均阳性率为 18.8%（$n = 719$），其中 28℃的阳性率为 24.3%（图 21）。

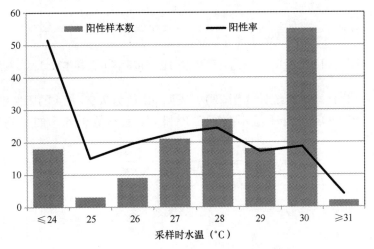

图 21　2008—2014 年部分省市专项监测有水温数据的
WSD 阳性样本数（个）和阳性率（%）

在水温统计数据中，出现 30℃时的样本数畸高的情况，这可能说明某些样品的水温数据不是实际测量数据。从原始数据可以看出，多数省份在 2014 年以前无水温数据记录，山东省 2009—2014 年均有水温数据，但 2009—2013 年的水温数据集中在 23～24℃这个范围，而且各采样点不同时间的水温高度一致，这些数据可能缺乏可信度，不计入统计范围。

（六）阳性样品的 pH 值分布

2008 年和 2010—2014 年的广东专项监测数据以及 2014 年的广西、福建和天津专项监测数据包含 1 587 份样品，其中 560 份样品记录了采样时的 pH 值。共检出记录 pH 值数据的阳性样品 112 份，占有 pH 值数据的样本总量的 20%（图 22）。从记录了 pH 值数据的省（市、区）的样本数量可以看出，采样监测时水体 pH 值南方较低，普遍在 8.2 以下，而以天津为代表的北方水体 pH 值较高，普遍在 8.2 以上。

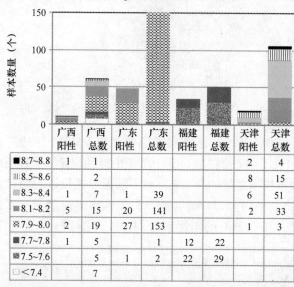

	广西阳性	广西总数	广东阳性	广东总数	福建阳性	福建总数	天津阳性	天津总数
■8.7~8.8	1	1					2	4
⫲8.5~8.6		2					8	15
▨8.3~8.4	1	7	1	39			6	51
▦8.1~8.2	5	15	20	141			2	33
⊠7.9~8.0	2	19	27	153			1	3
▩7.7~7.8	1	5		1	12	22		
▦7.5~7.6		5	1	2	22	29		
□<7.4		7						

图 22 专项监测有 pH 值数据的省（市、区）的样本数量

对不同 pH 值区段进行统计（图 23），表明 pH 值为 7.9 ~ 8.4 的阳性率最低，平均为 13.9%（$n = 469$），而 pH 值不高于 7.8 和 pH 值不低于 8.5 的平均阳性率则为 50.5%（$n = 93$）。

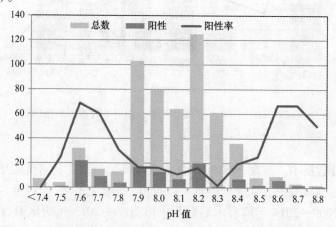

图 23 不同采样 pH 值下的样本数（个）、阳性数（个）和阳性率（%）

（七）不同养殖环境的阳性检出情况

2007—2014 年，各省（市、区）记录有养殖环境的样品数为 5 714 份，阳性样品数为 1 163 份，平均阳性检出率为 20.7%。其中，海水养殖的样品数为 4 222 份，检出阳性样品 891 份，阳性检出率为 21.1%（阳性样品主要来自广西、广东、福建和河北）；淡水养殖的样品数为 1128 份，检出阳性样品 182 份，阳性检出率为 16.1%（阳性样品来自浙江、江苏、山东和天津）；半咸水养殖的样品数为 364 份，检出阳性样品 90 份，阳性检出率为 24.7%（阳性样品来自山东和天津）（图 24 和图 25）。

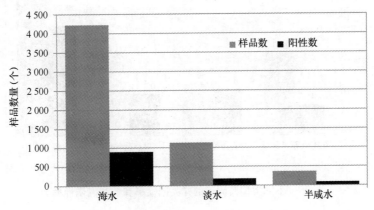

图 24　不同养殖环境的样本数和阳性数

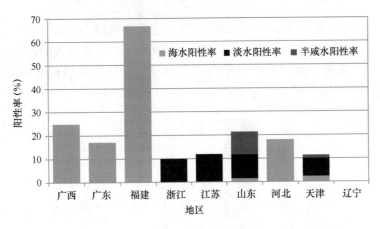

图 25　2007—2014 年各监测地区不同养殖环境的阳性检出率

注：阳性率是以各地样品总数为基数计算。

（八）不同类型监测点的阳性检出情况

2007—2014 年，9 省（市、区）中国家级原良种场的样品阳性率为 7.4%（5/68），监测点阳性率为 20.0%（3/15），监测样品主要来自于广西和广东 2 省

（区）；省级原良种场的样品阳性率为11.4%（16/140），监测点阳性率为12.8%（6/47），监测样品主要来自于广东、福建、江苏、天津和辽宁5个省（市）；重点苗种场的样品阳性率为11.6%（213/2 083），监测点阳性率为11.4%（142/1 246），样品主要来自于广西、广东、福建、浙江、江苏、山东、河北和天津8个省（市、区）；对虾养殖场的样品阳性率为26.7%（919/3 440），监测点阳性率33.9%（742/2 192），样品来自于所有开展监测的9省（市、区）（图26）。

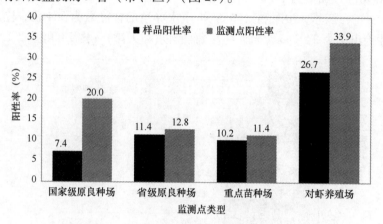

图26　不同类型监测点的样品阳性率和监测点阳性率

（九）不同养殖模式监测点的阳性检出情况

2007—2014年，9省（市、区）的3 772个记录养殖模式的监测点中，共检出923个阳性监测点，平均阳性检出率为24.5%。其中，池塘养殖模式的阳性检出率最高，为33.8%；工厂化养殖模式的阳性检出率为10.5%；其他养殖模式的阳性检出率为0%，这可能是由于采样样本量太少的原因造成的（图27）。

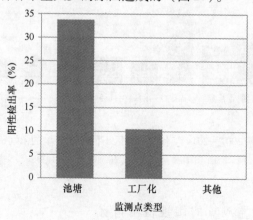

图27　不同养殖模式监测点的阳性检出率

（十）连续抽样监测点的阳性检出情况

从 2007—2014 年所有专项监测省（市、区）的监测数据表统计到共有 352 个监测点连续 2 年以上抽样，不计最后一年，160 个监测点检测出阳性，其中 88 个监测点只出现 1 次阳性，72 个监测点出现多次阳性，51 个监测点连续 2 年及以上出现阳性，各省阳性监测点在后续监测中再出现阳性的平均比例为 45.0%，下一年再出现阳性的比例平均 31.9%（表 2）。

从各省的情况来看，不计最后一年，广西有 86 个监测点连续抽样并检测出阳性，其中 45 个监测点只出现一次阳性，41 个监测点出现多次阳性，32 个监测点是连续 2 年及以上出现阳性，广西阳性监测点在后续检测中再出现阳性的比例为 47.7%，下一年再出现阳性的比例为 37.2%；相应地，广东有 25 个监测点连续抽样并检测出阳性，其阳性监测点在后续检测中再出现阳性的比例为 44.0%，下一年再出现阳性的比例为 16.0%；江苏有 13 个监测点连续抽样并检测出阳性，其阳性监测点在后续检测中再出现阳性的比例为 30.8%，下一年再出现阳性的比例为 15.4%；山东有 19 个监测点连续抽样并检测出阳性，其阳性监测点在后续检测中再出现阳性的比例为 52.6%，下一年再出现阳性的比例为 47.4%；河北有 14 个监测点连续抽样并检测出阳性，其阳性监测点在后续检测中再出现阳性的比例为 35.7%，下一年再出现阳性的比例为 21.4%；天津有 3 个监测点连续抽样并检测出阳性，其阳性监测点在后续检测中再出现阳性的比例为 33.3%。而福建、浙江和辽宁为 2014 年第一次参加 WSSV 的监测，无连续 2 年被设置为监测点的情况（表 2 和图 28）。

表 2　连续抽样监测点的阳性检出情况

	总计	广西	广东	江苏	山东	河北	天津	福建	浙江	辽宁
监测点数（个）	2 408	1 380	233	294	185	150	108	7	25	26
多年设置为监测点（个）	567	330	71	57	45	49	15			
连续设置为监测点（个）	382	240	34	48	30	20	10			
不计最后一年，有阳性（个）	160	86	25	13	19	14	3			
不计最后一年仅一次阳性（个）	88	45	14	9	9	9	2			
多次阳性（个）	72	41	11	4	10	5	1			
连续阳性（个）	51	32	4	2	9	3	1			
多次阳性比率（%）	45.0	47.7	44.0	30.8	52.6	35.7	33.3			
连续阳性比率（%）	31.9	37.2	16.0	15.4	47.4	21.4	33.3			

（十一）不同检测单位的检测结果情况

广西分别委托了中山大学、深圳出入境检验检疫局、广西渔业病害防治环境监测和质量检验中心及广西大学承担了不同年份的样品检测。中山大学承担了其 2007 年的

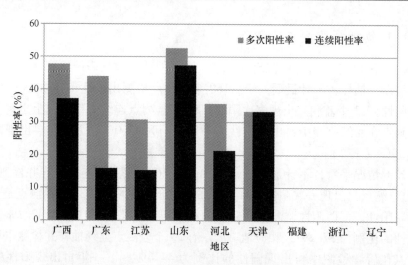

图28　各省（市、区）阳性监测点在后续监测中出现阳性的比例

样品检测，共检测样品260份，检出阳性样品69份，阳性样品检出率为26.5%；深圳出入境检验检疫局承担了其2008—2010年的样品检测，共检测样品902份，检出阳性样品274份，阳性样品检出率为30.4%；广西渔业病害防治环境监测和质量检验中心承担了其2011年和2012年的样品检测，共检测样品599份，检出阳性样品124份，阳性样品检出率为20.7%；广西大学承担了其2013年和2014年的样品检测，共检测样品467份，检出阳性样品87份，阳性样品检出率为18.6%。

广东省采集的样品大多数来源于湛江市范围，湛江市水生动物防疫检疫站承担了其2008年、2010年、2012年、2013年和2014年的样品检测，共检测样品1 279份，检出阳性样品207份，阳性样品检出率为16.2%；福建省水产研究所承担了福建省2014年的样品检测，共检测样品51份，检出阳性样品33份，阳性样品检出率为64.7%；浙江省水生动物防疫检疫中心承担了浙江省2014年的样品检测，共检测样品50份，检出阳性样品5份，阳性样品检出率为10.0%；江苏省水生动物疫病预防控制中心承担了江苏省2011—2014年的样品，共检测样品524份，检出阳性样品69份，阳性样品检出率为13.2%；农业部渔业产品质量监督检验测试中心（烟台）承担了山东省2009—2014年的样品检测，共检测样品894份，检出阳性样品189份，阳性样品检出率为21.1%；河北省水产养殖病害防治监督总站承担了河北省2009—2014年的样品检测，共检测样品358份，检出阳性样品72份，阳性样品检出率为20.1%；天津水产养殖病害防治中心承担了天津2010年的部分样品检测，共检测样品60份，检出阳性样品3份，阳性样品检出率5.0%；河北省水产技术推广站承担了天津2010年的另一部分样品检测，共检测样品29份，未检出阳性样品；天津市水生动物疫病预防控制中心承担了天津2014年的样品检测，共检出样品111份，检出阳性样品19份，阳性检出率为17.1%；辽宁出入境检验检疫局承担了辽宁省2014年的样品检测，共检测样品50份，未检出阳性样品。

四、白斑综合征风险分析及建议

（一）我国 WSSV 易感宿主的养殖情况

2007—2014 年的专项监测结果显示，WSSV 在我国凡纳滨对虾、中国对虾、日本对虾、克氏原螯虾、日本沼虾、罗氏沼虾和蟹类中均有感染。其中 2014 年的专项监测结果显示日本沼虾的阳性率最高，为 42.9%；其次为克氏原螯虾，占 42.3%；第三为日本对虾，阳性率为 33.3%。

据 2014 年渔业统计年鉴，2013 年我国养殖甲壳类的水产品总产量为 376.965 5 万吨；其中凡纳滨对虾的海水养殖面积为 14.254 2 万公顷，海水养殖产量为 81.254 5 万吨，海水养殖的产值主产区为广东、广西和海南；淡水养殖产量为 61.738 4 万吨，淡水养殖主产区为广东、江苏和浙江；克氏原螯虾为淡水养殖，养殖总产量为 60.352 万吨，养殖主产区为湖北、安徽、江苏；中国对虾为海水养殖，养殖面积为 1.997 9 万公顷，养殖产量为 4.193 1 万吨，养殖主产区为辽宁、广东和山东；罗氏沼虾为淡水养殖，养殖产量为 11.740 2 万吨，养殖主产区为江苏、广东和浙江；日本对虾为海水养殖，养殖面积为 1.892 5 万公顷，养殖产量为 4.595 9 万吨，养殖主产区为山东、福建和广东；日本沼虾为淡水养殖，养殖产量为 25.114 9 万吨，养殖主产区为江苏、安徽和湖北；蟹类的海水养殖面积为 5.966 7 万公顷，海水养殖产量为 25.894 9 万吨，产值主产区为福建、广东、浙江。

（二）WSSV 传播途径及传播方式

根据早期的研究报道，WSSV 的传播方式包括水平传播和垂直传播。甲壳类有蚕食同类的习性，这为 WSSV 的水平传播提供了重要的途径，WSSV 的各种易感宿主均可在这种同类蚕食的水平传播中起到病毒的存留和扩散作用。非严格检疫的成虾作为亲虾进行育苗是亲体引入病原的重要途径，亲虾成熟必须饲喂活的或冰冻的沙蚕也是 WSSV 的可能携带者，这些途径导致亲虾带毒，带毒亲虾的体液或粪便污染虾卵及育苗水体能将病毒传播到虾苗，是 WSSV 的重要垂直传播途径。

由于各省（市）提供的专项监测的采样调查表和检测结果缺乏对传播途径进行分析统计的相关数据，难以对 WSSV 疫情的发生展开有效追溯。但是，根据 2007—2014 年不同类型监测点的监测结果来看，国家级原良种场、省级原良种场和重点苗种场的平均样品阳性率达为 9.7%，监测点阳性率为 14.7%，其中，国家级原良种场的阳性率（20.0%）大于省级原良种场阳性率（12.8%），重点苗种场阳性率（11.4%）最低，这可能是因为国家级或省级原良种场有条件进行亲虾自繁，更多从事累代选育，而在此工作中不注重生物安保措施，未对自繁和累代选育的亲虾进行 WSSV 监测，导致 WSSV 的垂直传播。此外在监测点连续 2 年以上的监测结果中，部分监测点多次出现阳性或连续出现阳性，接近一半（45.0%）的阳性监测点在后续的监测中再出现阳性，接近 1/3（31.9%）的阳性监测点下一年会再出现阳性。这从侧面反映了 WSD 的大范围及常年流行可能是由于养殖中对 WSD 的风险不够重视，没有做好养殖前池塘的清池消毒措施，养殖中未加强 WSSV 防控所致。

由于目前苗种管理不规范，苗种产地检疫工作缺位；不同育苗场来源的苗种交叉使用现象常见。一个地区、一个养殖场甚至一个养殖池常常会同时放养多个不同地区育苗场来源的苗种，一旦出了问题，很难溯源。

（三）白斑综合征在我国的流行现状及趋势

WSSV 的专项监测自 2007 年开始先后在沿海不同省（市）开始实施，涉及了除海南和上海以外的所有沿海省（市）的 2 408 个养殖场点，监测样品 7 242 批次，其中阳性样品 1 231 批次，平均样品阳性率 17.0%。除了辽宁的结果报告未检出阳性外，其他 8 省（市）均在不同年份检出了 WSSV 阳性。2014 年开始纳入监测的福建和浙江的样品阳性率分别是 64.7%（33/51）和 10%（5/50）；广西 8 年的平均样品阳性率为 24.9%（554/2 228），其中 2010 年的样品阳性率最高，为 37.6%（112/298），随后逐年降低。9 省（市）8 年样品平均阳性率为 17.0%（1 220/7 197），在 2010 年后样品阳性率有降低的趋势。

（四）育苗场传播 WSSV 的风险

2007—2014 年的专项监测统计数据反映出国家级原良种场的监测点阳性率达 20.0%（3/15），监测样品主要来自于广西和广东 2 个省；省级原良种场监测点阳性率达 12.8%（6/47），监测样品主要来自于广东、福建、江苏、天津和辽宁 5 个省（市）；重点苗种场监测点阳性率达 11.4%（142/1 246），样品主要来自于广西、广东、福建、浙江、江苏、山东、河北和天津 8 个省（市、区）；对虾养殖场监测点阳性率 33.9%（742/2 192），样品来自于所有开展监测的 9 省（市、区）（图 26）。

上述监测结果表明 WSD 是虾类养殖场广泛流行的重要疫病，而国家级和省级原良种场的阳性率达 16.4%，而且国家级原良种场阳性率大于省级原良种场阳性率，重点苗种场的阳性率最低。这样的数据令人意外，但分析来看，除了国家级原良种场及省级原良种场采样量少可能造成的数据统计误差以外，还可能由于国家级原良种场、省级原良种场有更好的亲虾自繁、累代培育和苗种培育条件，很多原良种场进行亲虾的自繁和多年累代选育，而重点苗种场很多是从国外购买一代亲虾或者购买国外一代亲虾生产的卵或幼体进行育苗，而国内目前普遍忽视种苗培育的生物安保，不执行或不严格执行种苗的疫病监测，从而导致了国家级原良种场和省级原良种场亲虾和苗种带毒率高的现实，在我们的流行病学调查和产业中自行开展的种苗检测的反馈信息也反映出与此类似的严峻问题，已经观察到多家国内累代选育的自繁亲虾的苗种出现病原种类多于普通育苗场的苗种情况。国家原良种场和省级原良种场以及重点苗种场如果再不认真对待生物安保问题，可能对我国虾类养殖产业将带来毁灭性的后果。原良种场和重点苗种场导致的 WSD 的传播和流行的风险是 WSD 疫情难以有效控制的重要原因之一，对甲壳类养殖业造成巨大威胁。在产业整体防控中首要强调原良种场和重点苗种场的生物安保非常必要，逐步落实并加强甲壳类种苗产地检疫工作，通过生物安保的实施来逐步实现原良种场和重点苗种场的净化，辅以良好养殖实践（GAP）及养殖场生物安保措施，才能从源头上阻止该病传播。

（五）WSSV 流行与环境条件的关系

8 年的专项监测数据统计揭示，样品的 WSSV 阳性率在水温 24℃以下高达 51.4%，而 25℃以上时较低，在 28℃时再有一小高峰，达 24.3%，31℃以上阳性率明显降低，这与 WSSV 在放苗后 1~2 个月出现发病高峰以及在秋季再次出现发病高峰的一般规律基本相符。将阳性样品与采样时水体 pH 值进行统计，表明 pH 值在 7.9~8.4 时 WSSV 阳性率最低，平均 13.9%，pH 值≤7.8 和 pH 值≥8.5 时阳性率显著提高，平均阳性率为 50.5%，这与生产上观察到的环境应激刺激 WSD 的流行规律基本相符。但由于监测数据未提供采样时监测点的疫情，与 WSD 的暴发和流行密切关联的环境因子突变的数据缺乏，同时大量的监测点也缺少相关的基本环境条件的数据记录，部分监测点的环境条件数据表现出人为编造的迹象，因此这些关系还不一定准确反映实际情况，有待于在将来的专项监测中对这些不足加以改进。

（六）生产中对疫情的控制措施

由于 WSD 已在全国各主要甲壳类养殖省份广泛传播，难以按照《动物防疫法》规定的对于发生一类动物疫病时应当采取控制和扑灭措施的要求实施。不同省（市、区）的专项监测数据表的数据也反映出 2007—2014 年各省（市、区）均未对 WSD 采取过扑杀措施。

统计的专项监测数据报告在这一数据上反映出的问题是不同省（市、区）的填报数据显示了省（市、区）的差别性和同一省（市、区）内年份间和养殖场间的无差别性。例如广西（2007—2014 年）检出阳性的所有监测点（除一个漏填外）的处理措施均是消毒；广东（2008 年和 2010—2014 年）、福建（2014 年）、浙江（2014 年）和河北（2009—2014 年）检出阳性的所有监测点的处理措施全是监控；江苏（2011—2014 年）所有监测点的处理措施全都是消毒、监控和专项检查；山东报告中 2009—2013 年阳性监测点的处理措施未填，2014 年所有阳性监测点的处理措施都是消毒和监控；天津 2009—2011 年和 2013 年未填报阳性监测点的处理措施，2012 年填报的处理措施是消毒，但没有原始监测点报表，2014 年的所有阳性监测点的处理措施全部是专项检查（表 3）。监测报告未能反映各省（市、区）不同的监测点采取哪些有区别的具体控制措施及效果，无法从中统计当前 WSD 的防控措施实施情况，更无法积累防控经验。

表 3　2014 年监测省（市、区）的疫情及处理措施

	阳性样品数（个）	阳性监测点数（个）	处理方式
广西	19	15	消毒
广东	37	25	监控

	阳性样品数（个）	阳性监测点数（个）	处理方式
福建	34	5	监控
浙江	5	4	监控
江苏	27	24	消毒/监控/专项检查
山东	25	23	消毒/监控
河北	14	14	消毒
天津	19	16	专项检查
辽宁	0	0	

（七）防控对策建议

由于甲壳类不具备特异性免疫机制及免疫记忆能力，不可能通过疫苗免疫进行WSSV的防控，因此加强虾蟹类养殖健康的生物安保体系建设是甲壳类病害防控的核心。

推行甲壳类健康的生物安保体系的理念，厘清国家、省市、区域和养殖企业水平的生物安保概念应该包含的管理和设施内容，确定各水平的生物安保分级，制定生物安保体系的发展规划，通过生物安保的实施来逐步实现净化。

根据甲壳类养殖健康的生物安保体系，需要在多水平坚持和完善疫病的监测工作，建立主动监测和被动监测互补机制，确定各水平的疫病监测种类、项目和范围，优化监测点布局，规范监测调查数据内容和格式，统一采样方案，考核和提升检测实验室的能力，培训监测人员，建立监测数据实时报告、统计和反馈网络。

逐步建立和推行各水平的甲壳类疫病风险评估理念，从风险分析角度，构建国家、区划、生物安保隔离区、种苗/养殖场的风险引入、暴露和可能产生的后果的评估和风险判断方案，针对病原建立不同引入途径的风险等级划分依据，形成各水平的风险评估标准。

强化甲壳类健康的风险管理，整体完善甲壳类疫病的防控管理方案。我国目前对WSD的风险管理措施主要是参考中国现行的法律法规。我国农业部于2008年年底发布的新版《一、二、三类动物疫病病种名录》将WSD列为一类动物疫病。根据第三十一条规定，发生一类动物疫病时，应当采取控制和扑灭措施。由于WSD已在我国广大养殖区大规模暴发，普遍采用扑灭措施不具备可实施性，但对于无规定疫病种苗场、国家级原良种场、省级原良种场逐步采取生物安保的风险管理模式，引导和扶持种苗企业实施扑灭措施则应该是可行的和必要的。国家、省市和企业水平的苗种健康管理也有可行的管理途径，包括逐步落实并加强种苗产地检疫和境外引种检疫；推广高灵敏度病原检测试剂盒，鼓励对于养殖企业开展病原检测等。在养殖企业中推行GAP养殖健康管理体系、推广鱼虾混养的生态防病养殖模式、鼓励抗病微生物制剂的应用、采取微生物增强的生物絮团防病技术、逐步推行规模化和工厂化养殖等都能对WSD及其他重要的对虾疫病达到明显的防控效果，均属于实施甲壳类健康生物安保计划的生物风险管理内容。

此外，应加强国家、省市和企业间水生动物健康生物风险交流机制，建立广泛全面的交流网络，逐步实现种苗生产交易、产地检疫、疫病发生与诊断、用药与防控等的信息及档案的上报与反馈。

五、监测中存在的主要问题

本项目首次开展了我国甲壳类疫病系统性的专项监测，得以揭示 WSD 在主要对虾养殖区的流行情况，为制订我国病害防控方案提供了重要依据，但作为首次大范围开展这项工作，也暴露了一些问题。

（一）监测的疫病种类

对虾是我国甲壳类养殖的支柱产业，但近年来疫病的发生严重威胁了该产业的健康发展，但专项监测结果所反映的趋势与生产上疫病发生的严重性不符，例如 2010 年以来对虾疫病发生的严重性急剧增长，但 WSD 监测数据却显示 WSSV 的感染率存在降低的趋势。这是因为多种新发疫病在对虾中出现，包括急性肝胰腺坏死病（AHPND）、偷死野田村病毒病（VCMD）、黄头病（YHD）、传染性肌坏死病（IMN）、虾肝肠胞虫（EHP）感染等，使我国对虾养殖产业的损失惨重，国际上还普遍认为 AHPND 是我国首发，传播到多个国家，造成了受感染国家产业的严重损失，由此对我国水产养殖产业的健康状况提出了严重质疑。但由于我国动物疫病名录很少更新，这些新发疫病未能列入我国的监测计划，使得我国不能及时掌握新的疫病情况，失去了对新发疫病的及时采取防控措施进行扑灭或控制的机会。也由于未能掌握这些新发疫病的相关信息，难以及时向 OIE 等国际组织呈报我国相关疫病的信息，使我国未能有效履行相关的国际义务，影响到国家的声誉。

（二）部分地区监测点设置

监测点设置需要兼顾养殖品种并具有一定覆盖性。从我们现场调查来看，部分省份的监测点覆盖度不够，例如广东、海南、福建都是对虾养殖和育苗的大省，但广东多数年份的监测点只涉及湛江地区，海南未能开展专项监测，福建也只有 6 个监测点。相比而言，广西、江苏的监测点覆盖性较广。

（三）样品的收集

样品数量必须严格按照监测计划中推荐的数量进行。实地考察中发现以下问题：① 对于随机采集的样品，无症状群体需要至少采集 150 尾虾。而部分省份的某些监测点采样数量低于 150 尾；② 部分监测点基本只采集凡纳滨对虾一个品种的样品，即使受当地养殖品种的限制，但一个品种实在太过于单一；③ 同一个养殖场反复采样，个别监测点多个池塘采样。每个池塘都计算为一个样品，拉低了监测的覆盖面积。

（四）检测单位的选择和能力

数据的准确性和可靠性方面亟待提高，如辽宁省的专项监测样品少，检测数据全为阴性，与产业中的病害发生情况以及研究机构的检测情况不符，广西的样品检测单位多次更换，也可能影响到数据的准确性和可对比性。由于我国开展水生动物疫病检测实验室能力比对工作较晚，多数检测单位的检测能力和准确性也均未得以验证，检测结果的准确性存在一定疑问，今后应该选择通过实验室能力验证的单位承担样品检测任务。

（五）监测数据的完整性

从目前各省市提供的监测数据来看，很多省份对样品未按规定要求进行记录。存在问题主要表现在：① 原表格信息不全，如监测点所位于的县市、乡镇等基本地理位置未按要求收集，监测点未采用统一的唯一编号系统，无地理标志信息，无亲虾或苗种来源信息，在数据分析时难以对监测点进行定位与跟踪，无法对疫病的传播途径进行溯源；② 未填写监测表格中的重要信息，如养殖方式、规格等信息，有的监测点的相关信息是空白，使得相关分析难以进行；③ 要求统计原始数据中没有的项目以及数据统计混乱，如要求统计阳性县、乡镇及监测点数目，但监测点的原始数据缺乏，使得该项统计难以进行，有些省份的汇总表和原始数据表不符；④ 自行改变表格格式，部分监测点自行将表格进行简化，有些省份采用 Word 版的原始数据表格，有些省份部分年代的原始数据缺乏，有些省份对于同一个监测点采用不同的简写，这些都给数据统计带来了很大困难；⑤ 采样时监测点 WSD 的疫情以及与疫病暴发和流行密切相关的环境条件数据项目缺失以及现有项目的数据信息填写不完全，使专项监测数据分析难以得出较好的与风险评估及疫情预警相关的规律。

（六）阳性监测点的处理

专项监测数据表中对生产中阳性监测点的控制措施可选择的填写内容包括消毒、监控、全面监测、专项调查、移动控制、全群扑杀、分区隔离、免疫接种、治疗、其他措施和未采取任何措施 11 项，而填写人员对这些控制措施的具体概念的定义可能没有明确掌握；不同监测点在实践中可能也会包含多种控制措施的交叉运用。从各省（市）填写的专项监测数据表来看，某一省份的数据表倾向于所有阳性监测点采取的措施完全相同，这种情况可能与实际情况并不相符，这项内容的填写反映各地在专项监测中可能并没有全面了解生产中的实际情况，未认真对待该项内容的要求，人为编造了数据。上述 11 项控制措施列表也难以有效覆盖甲壳类养殖中实际运用到的一些主要措施类别，例如试剂盒或实验室检测、调水改底、应急性放养捕食动物（如鱼类）、应急性投喂鲜活饲料、排塘、补苗、重新放苗等。此外，只填报阳性的控制措施而不填报相应控制措施所取得的结果，也无法对各控制措施所能产生的效果进行统计，不利于总结各地在病害控制中的有效经验。

六、对甲壳类疫病监测工作的建议

（一）监测范围应该拓展到更多的新发及重大疫病

近年来我国对虾养殖产业先后暴发了急性肝胰腺坏死病（AHPND）、偷死野田村病毒病（VCMD）、虾肝肠胞虫（EHP）感染、黄头病（YHD）和传染性肌坏死病（IMN）等新发重大疫病，前3种已在全国范围广泛传播，造成了产业的严重损失，2种以上病原共同感染约占虾类疫病的65%。新发疫病在产业中造成了严重危害，虾类疫病的严重性不降反升，对虾的这些疫病近年来还扩展到了克氏原螯虾、梭子蟹、中华绒螯蟹等其他重要甲壳类养殖品种。在开展WSD监测的同时，亟须开展其他重要疫病的监测和防控，系统深入地掌握重要新发疫病在我国的流行情况。对尚未引入我国的国外疫病也应制订监测计划，以便能证明我国的无疫状况，并为甲壳类的国际贸易提供重要的数据。在产业中逐步实施甲壳类养殖健康的生物安保技术体系，扩大甲壳类种苗的检疫范围和无特定疫病苗种场监测的疫病种类，是实现我国甲壳类疫病全面控制的必经途径。

（二）优化各省采样任务安排

调查理清各地原良种场和种苗场的数量，登记备案，并规定所有国家级原良种场和省级原良种场均需纳入监测范围，以便推行原良种场和省级原良种场的生物安全级别评估，并为今后保留及建设提供依据；结合目前各省甲壳类养殖规模以及发病情况，进一步调整采样省份安排以及各省具体采样数量，使监测范围和监测数据更能反映真实情况。同时，减少同一监测点的反复多次采样。根据OIE手册的建议，监测应当在流行季节进行，每个养殖场每年监测1~2次。如果连续2年阴性，从第三年开始，在该场不引入外来种苗的情况下，每年采样1次即可。因此，建议监测工作安排参考OIE手册进行。

（三）对承担监测任务的实验室能力加强审查

建设水生动物疫病的国家参考实验室体系，强化国家实验室及相关研究机构的技术支撑作用，广泛开展病防系统实验室能力比对和资质认定，对具有资质的监测机构定期进行审查和能力测试。在现有组织开展的实验室能力测试考核活动外，还需要增加对实验室能力审查的环节，包括检查接样、样品处理、采用标准、检测过程以及结果报告等。确保检测过程的科学合理性，提升和保障监测数据的质量，并逐步扩大监测范围和监测的疫病种类。

（四）优化并规范专项监测统计数据类型和格式

① 针对甲壳类WSD的监测要求和特点，应有针对性地制订相应的统计表格和统计要求，增加采样时的症状、疫情、关键环境条件及近期变动等重要参数项目；② 优化

专项监测统计数据要求，使用 Excel 对监测数据的格式进行优化并明确，保证各监测省（市）使用统一的汇总表和原始数据统计表；③ 规范监测数据的统计格式，各监测省（市）使用统一的唯一的编号系统及格式要求；④ 准确并全面地填写信息，各监测省（市）应该本着实事求是和负责的态度，将表格内的各项信息准确、全面地进行填写和汇总。

（五）健全新发、外来以及高风险重大水生动物疫情的扑杀机制及经费补偿机制

WSD 属于一类水生动物疫病，按照《动物防疫法》相关要求，应采取扑杀和无害化处理措施，但目前 WSD 疫病发生和流行范围过于广泛，全面采取扑杀措施的经费补偿难以满足，大部分阳性检出养殖场未能采取扑杀措施。实际上在目前生物安保体系未得以建立的情况下，WSD 阳性疫情也不适于采取扑杀的策略。我国应及时修订三类动物疫病名录及防控策略，强化对新发、外来及高传播风险的重大水生动物疫情防控的及时性和控制措施，才能使政府在水生动物疫病防控方面的经费投入真正取得显著效果。针对尚未广泛传播的新发和外来疫病以及在原良种场、育苗场及重大疫病的高风险传染源及传播途径中的疫情应该采取及时捕杀甚至休养措施；对于因发病而导致养殖场/养殖池中绝大多数水生动物发生死亡，失去生产价值的养殖群体采取有效的消毒措施；对于一般性和普遍发生的，可以通过健康控制措施来防控疾病、降低损失的养殖场/养殖池，应该有差别地积极开展预防和治疗。同时，还应建立新发和外来疫病引入的追查和责任追究制度，各级政府相关部门也应将水生动物防疫应急处置经费列入财政预算，保障水生动物防疫及扑杀工作的正常开展。

主要参考文献：

何建国,周化民,姚伯,等.1999.白斑综合征杆状病毒的感染途径和宿主种类.中山大学学报(自然科学版),38(2):65-69.

黄健,宋晓玲,于佳,等.1995.杆状病毒的皮下及造血组织坏死——对虾暴发性流行病的病原病理学.海洋水产研究,16(1):1-10.

雷质文,黄健,史成银,等.2002.白斑综合征病毒(WSSV)的宿主调查.海洋与湖沼,33(3):250-258.

Chang P S,Lo C F,Wang Y C,et al. 1996. Identification of white spot syndrome associated baculovirus (WSBV) target organs in the shrimp Penaeus monodon by in situ hybridization. Dis. Aquat. Org. ,27,131-139.

COFI. 2010. Aquatic Biosecurity:A Key for Sustainable Aquaculture Development. FAO Committee on Fisheries (COFI),COFI/AQ/V/2010/5,5th Session,Phuket,Thailand,27 Sept-1 Oct,2010.

OIE. 2015. Aquatic Animal Health Code. World Organisation of Animal Health (OIE),http://www. oie. int/international-standard-setting/ aquatic-code/ access-online/.

OIE. 2015. Manual of Diagnostic Tests for Aquatic Animals 2015. World Organisation of Animal Health (OIE),http://www. oie. int/ international-standard-setting/ aquatic-manual/ access-online/.

Yang F,He J,Lin X,et al. 2001a. Complete genome sequence of the shrimp white spot bacilliform virus. J. Virol. ,75(23):11811-11820.

刺激隐核虫病分析

福建省淡水水产研究所

（樊海平　曾占壮　王凡）

一、前言

刺激隐核虫病又称海水小瓜虫病或海水白点病，其病原为刺激隐核虫（*Cryptocaryon irritans*），俗称海水小瓜虫（Ichthyophthirius marinus）。刺激隐核虫最早由日本学者 Sikama 于 1937 年发现并描述，由英国学者 Brown 于 1951 年重新描述并命名。其分类地位几经变化，其最新的分类地位为：前口纲（Prostomatea）、前管目（Prorodontida）、隐核虫科（Cryptocaryonidae）、隐核虫属（*Cryptocaryon*）。刺激隐核虫生活史通常分为营养期、休眠期、分裂期和感染期 4 个阶段。寄生于水生动物体表皮肤、鳃或鳍的刺激隐核虫滋养体呈圆形或梨形，周生纤毛，成熟个体有 4～8 个（一般 4 个）卵圆形的核质，相连呈念珠状，作"U"形排列成大核。

刺激隐核虫主要寄生在温带和热带海域鱼类，对宿主鱼的种类和个体大小没有明显的选择性，可以感染几乎所有海水硬骨鱼类。寄生部位主要为鱼体表皮肤、鳃和鳍。病鱼摄食量下降，易受惊动，游动异常，体表出现出血点，体瘦弱，游动乏力。病鱼体表有许多肉眼可见的小白点，皮肤和鳃因受虫体寄生刺激分泌大量黏液，严重者体表形成一层混浊的白膜，同时常伴随体表点状充血或溃烂、鳍条缺损、头部和尾部溃烂、眼角膜损伤等症状。刺激隐核虫适宜的繁殖水温为 10～30℃，最适繁殖水温为 22～26℃。在我国东南沿海，刺激隐核虫病的流行季节为 5—11 月，高发期为夏、秋两季，分别为 22～28℃的水温上升期和 25～19℃的水温下降期。

刺激隐核虫病是一种在全世界范围内广泛发生的海水鱼类疾病，具有高致病性和高暴发性的特征，发病后短时间内可导致发病鱼大量死亡，且防治困难。在澳大利亚、美国、科威特、法属西印度群岛、泰国、马来西亚和其他一些东南亚国家，都有该病给海水养殖带来巨大经济损失的报道；在我国，刺激隐核虫病已成为大黄鱼育苗和养殖过程中危害最为严重的病害之一，给养殖者造成了极大的经济损失，此外，在石斑鱼、真鲷、斜带髭鲷、黄鳍鲷、大菱鲆、鲙鱼、黑鲷、卵形鲳鲹、驼背鲈和牙鲆等多种鱼类养殖中发病引起的大量死亡，极大地威胁我国海水鱼类养殖业的发展。

虽然世界动物卫生组织未将刺激隐核虫病列入需向 OIE 申报的疫病和其他重要的鱼病范围，但鉴于该病流行广泛、危害严重、目前尚无良好控制方法等原因，我国农业部 2008 年 12 月发布的《一、二、三类动物疫病病种名录》将其列为二类水生动物疫病，并于 2010 年开始，在福建、广东 2 省开展刺激隐核虫病的监测工作，2014 年起又将浙江省纳入监测范围。

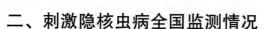

二、刺激隐核虫病全国监测情况

（一）监测概况

农业部自 2010 年起对刺激隐核虫实施专项监测，监测点覆盖福建、广东和浙江 3 个省的 428 个养殖场，国家计划采集样品 2 200 份，实际采集并检测样品总计 4 341 份，检出阳性样品 1 353 份，总体阳性率 31.2%。历年国家计划采样监测数量、实际完成采样监测数量、检出阳性样品数量、监测点设置等情况详见表 1。

表 1 各省历年刺激隐核虫病监测基本情况（个）

省份	内容		2010 年	2011 年	2012 年	2013 年	2014 年
福建省	国家监测计划样品数		300	300	200	200	120
	实际采集样品数/阳性样品数		332/33	338/106	243/46	231/25	156/45
	监测点（渔场）	国家级原良种场数/阳性场数	1/1	1/1	1/1	1/1	1/1
		省级原良种场数/阳性场数	1/0	1/0	1/0	1/0	1/0
		重点苗种场数/阳性场数	0/0	0/0	0/0	0/0	0/0
		成鱼养殖场数/阳性场数	50/15	50/15	46/11	46/11	48/9
		观赏鱼养殖场数/阳性场数	0/0	0/0	0/0	0/0	0/0
	阳性监测点（渔场）数合计		16	16	12	12	10
	阳性场分布县域数		6	6	6	6	6
	阳性场分布乡镇数		6	6	9	9	9
广东省	国家监测计划样品数		300	200	200	200	120
	实际采集样品数/阳性样品数		462/137	733/488	962/206	456/216	368/43
	监测点（渔场）	国家级原良种场数/阳性场数	0/0	0/0	0/0	0/0	0/0
		省级原良种场数/阳性场数	0/0	0/0	0/0	0/0	0/0
		重点苗种场数/阳性场数	0/0	0/0	0/0	1/1	0/0
		成鱼养殖场数/阳性场数	24/7	30/19	70/34	39/17	17/7
		观赏鱼养殖场数/阳性场数	0/0	0/0	0/0	0/0	0/0
	阳性监测点（渔场）数合计		7	19	34	18	7
	阳性场分布县域数		2	5	7	6	4
	阳性场分布乡镇数		2	5	10	7	4

省份	内容		2010 年	2011 年	2012 年	2013 年	2014 年
浙江省	国家监测计划样品数		—	—	—	—	60
	实际采集样品数/阳性样品数		—	—	—	—	60/8
	监测点（渔场）	国家级原良种场数/阳性场数	—	—	—	—	0/0
		省级原良种场数/阳性场数	—	—	—	—	0/0
		重点苗种场数/阳性场数	—	—	—	—	0/0
		成鱼养殖场数/阳性场数	—	—	—	—	4/2
		观赏鱼养殖场数/阳性场数	—	—	—	—	0/0
	阳性监测点（渔场）数合计		—	—	—	—	2
	阳性场分布县域数		—	—	—	—	1
	阳性场分布乡镇数		—	—	—	—	2

1. 2014 年监测情况

2014 年监测工作在福建、广东、浙江三省开展，监测对象是各省重点海水养殖鱼类，浙江为新增省份。全年 3 省共设置监测点（养殖场）71 个，采集样品 584 份，检出阳性养殖场 19 个，阳性样品 96 份，平均阳性养殖场检出率为 26.8%，平均阳性样品检出率为 16.44%；阳性样品涉及 11 个县、15 个乡镇（图 1），福建、广东和浙江 3 省皆有阳性样品分布，3 省各自的阳性养殖场和阳性样品情况见表 2。阳性样品来自国家级原良种场（1 个，8 份）和成鱼养殖场（18 个，88 份），详见图 2。

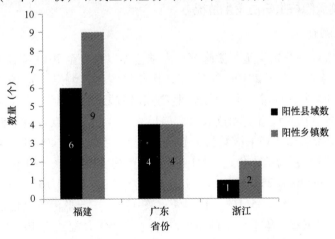

图 1　2014 年刺激隐核虫阳性样品地域分布

表2 2014年各省刺激隐核虫阳性养殖场和阳性样品情况

省份	养殖场			样品		
	监测数（个）	阳性数（个）	阳性率（%）	采集数（份）	阳性数（份）	阳性率（%）
福建	50	10	20.0	156	45	28.85
广东	17	7	41.2	368	43	11.68
浙江	4	2	50.0	60	8	13.33

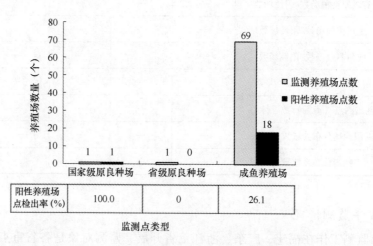

图2 2014年刺激隐核虫阳性养殖场类型分布

在2014年的监测中，福建、广东与浙江所选监测海区皆为三省海水鱼重点养殖区，监测点的设置考虑了渔排位置、海流方向、养殖品种等多方面因素（图3至图14），在当地的成鱼养殖中具有较强的代表性，监测结果基本能真实反映各省、各海区当年成鱼养殖刺激隐核虫病的发生情况。

2. 历年监测情况

自2010年农业部开始实施刺激隐核虫专项监测以来，至2014年监测范围目前已覆盖福建、广东、浙江3省。2010—2014年，历年设置的监测点（渔场）分别为76个、82个、118个、88个、71个，检出阳性监测点（渔场）分别为23个、35个、46个、30个、19个，各省历年设置监测点数量、检出阳性样品监测点数量及监测点阳性率详见图15；历年国家监测计划采样数量分别为600份、500份、400份、400份、300份，实际完成采样数量分别为794份、1 071份、1 205份、687份、584份，检出阳性样本分别为170份、594份、252份、241份、96份（表3和图16），年阳性率分别为21.4%、55.5%、20.9%、35.1%、16.4%（图17）；参与监测计划的所有省份每年都检出阳性样品，广东省5年平均阳性率最高，达36.6%，福建为19.6%，2014年新纳入监测计划的浙江省的阳性率为13.3%（图18）；阳性样品分别分布于8个、11个、13个、12个、11个县和8个、11个、19个、16个、15个乡镇（图19）。

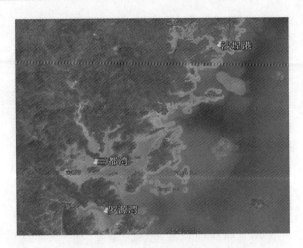

图 3　2014 年福建省监测海区分布

图 4　2014 年罗源湾监测点分布

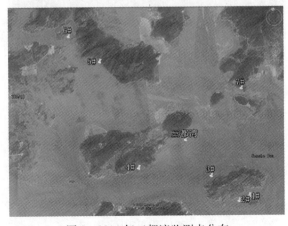

图 5　2014 年三都湾监测点分布

图6　2014年沙埕港监测点分布

图7　2014年浙江省监测海区分布

图8　2014年界牌监测海区

图9　2014年西沪港监测海区

图10　2014年广东省监测海区分布

图11　2014年饶平监测海区

图12　2014年惠州监测海区

图13　2014年茂名监测海区

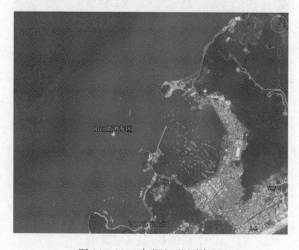

图14　2014年阳江监测海区

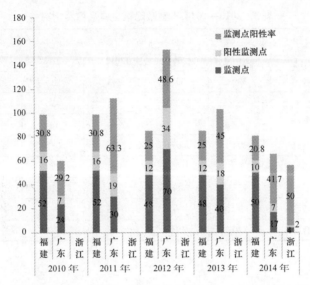

图15　各省历年设置监测点（个）、阳性监测点（个）及检出率（%）

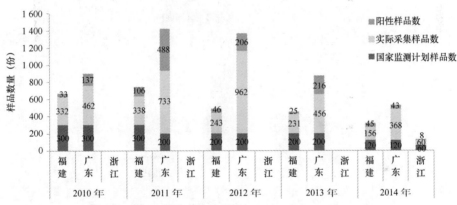

图16　历年国家监测计划样品数量与实际采集样品数量及阳性样品数量

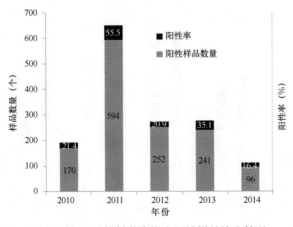

图17　全国历年刺激隐核虫阳性样品检出情况

表3 2010—2014 年刺激隐核虫样品检测情况

样品	省份	年份					合计
		2010	2011	2012	2013	2014	
样品数量（个）	福建	332	338	243	231	156	1 300
	广东	462	733	962	456	368	2 981
	浙江	—	—	—	—	60	60
	合计	794	1 071	1 205	687	584	4 341
阳性样品数量（个）	福建	33	106	46	25	45	255
	广东	137	488	206	216	43	1 090
	浙江	—	—	—	—	8	8
	合计	170	594	252	241	96	1 353

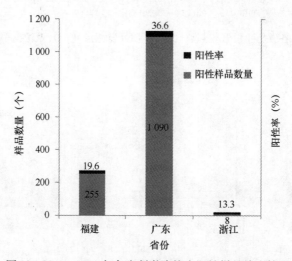

图18 2010—2014 年各省刺激隐核虫阳性样品检出情况

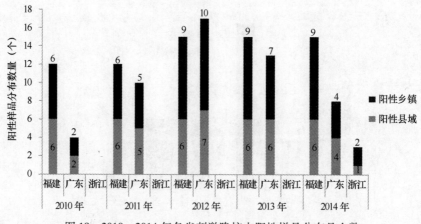

图19 2010—2014 年各省刺激隐核虫阳性样品分布县乡数

自 2010 年开展刺激隐核虫监测以来，除福建对 1 个国家级原良种场和 1 个省级原良种场持续开展监测和广东省于 2013 年对 1 个苗种场进行监测外，其余的所有监测点皆为成鱼养殖场。已有研究资料显示，刺激隐核虫对大黄鱼苗种的危害高于成鱼，对观赏鱼的危害也十分严重，因此，在今后的监测中，应注意增加原良种场、苗种场以及观赏鱼养殖场的监测比例，以全面掌握刺激隐核虫在各养殖对象和养殖阶段的发生与流行情况。

（二）不同养殖模式监测点情况

由于我国目前的海水鱼养殖仍以传统的网箱养殖为主，尤其大黄鱼的养殖，绝大部分为网箱养殖，因此刺激隐核虫监测多数监测点皆为网箱养殖场，仅广东省自 2012 年开始对少量池塘养殖场开展监测，而对工厂化养殖和其他养殖模式的养殖场尚未开展监测（表 4），但随着经济社会和水产养殖技术的发展，除网箱养殖外的其他各种不同养殖模式的日益兴起，因此，在今后的监测中，应逐步将工厂化养殖和其他养殖模式的养殖场纳入监测范围。

表 4　2010—2014 年各省刺激隐核虫病不同养殖模式监测点数量及阳性监测点数

省份	不同养殖模式监测点（个）/阳性监测点数（个）	年份				
		2010	2011	2012	2013	2014
福建省	池塘/阳性监测点数	0/0	0/0	0/0	0/0	0/0
	工厂化/阳性监测点数	0/0	0/0	0/0	0/0	0/0
	网箱/阳性监测点数	52/16	52/16	48/12	48/12	50/10
	其他/阳性监测点数	0/0	0/0	0/0	0/0	0/0
广东省	池塘/阳性监测点数	0/0	0/0	11/4	3/2	1/1
	工厂化/阳性监测点数	0/0	0/0	0/0	0/0	0/0
	网箱/阳性监测点数	24/7	30/19	59/30	37/16	16/6
	其他/阳性监测点数	0/0	0/0	0/0	0/0	0/0
浙江省	池塘/阳性监测点数	—	—	—	—	—
	工厂化/阳性监测点数	—	—	—	—	—
	网箱/阳性监测点数	—	—	—	—	4/2
	其他/阳性监测点数	—	—	—	—	—

（三）近 2 年连续被设置为监测点的情况

福建、广东共有 13 个渔场在 2013 年和 2014 年连续被设置为监测点，其中，福建 7 个，包括 1 个国家级原良种场、1 个省级原良种场和 5 个成鱼养殖场；广东 6 个，全部为成鱼养殖场。共有 10 个渔场检出过阳性样品，其中，福建 6 个，广东 4 个（表 5 和图 20）。

表5 各省刺激隐核虫病监测近2年连续被设置为监测点的情况

省份	2013年和2014年连续2年设置为监测点的名称	监测点性质	监测中是否出现过阳性样品
福建省	蕉城区三都镇大湾13	国家级原良种场	是
	蕉城区白称潭	省级原良种场	否
	罗源湾鸟屿苏金忠	成鱼养殖场	是
	罗源湾岗屿陈有富		是
	蕉城区三都镇青山		是
	蕉城区三都镇白基湾		是
	福安市下白石镇本斗坑61号		是
广东省	李炳松渔排	成鱼养殖场	是
	李添财渔排		是
	陈添水渔排		是
	林任忠渔排		是
	钟振钦渔排		否
	高俊荣渔排		否

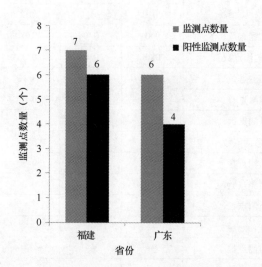

图20 近2年连续被设置为监测点及检出阳性样品的渔场数量

（四）样品采集

各省历年样品采集情况，包括各类养殖场样品采集份数、采样对象、每份样品规格、数年、采集水温等详见表6。

表6　各省历年刺激隐核虫病监测样品采集情况

省份	指标	2010 国家级原良种场	2010 省级原良种场	2010 重点苗种场	2010 观赏鱼养殖场	2010 成鱼养殖场	2011 国家级原良种场	2011 省级原良种场	2011 重点苗种场	2011 观赏鱼养殖场	2011 成鱼养殖场	2012 国家级原良种场	2012 省级原良种场	2012 重点苗种场	2012 观赏鱼养殖场	2012 成鱼养殖场	2013 国家级原良种场	2013 省级原良种场	2013 重点苗种场	2013 观赏鱼养殖场	2013 成鱼养殖场	2014 国家级原良种场	2014 省级原良种场	2014 重点苗种场	2014 观赏鱼养殖场	2014 成鱼养殖场
福建省	样品数（个）	15	15	—	—	302	15	15	—	—	308	15	15	—	—	243	14	14	—	—	2?1	13	7	—	—	136
福建省	每份样品尾数（尾）成鱼	10	10	—	—	10	10	10	—	—	10	10	10	—	—	10	10	10	—	—	10	10	10	—	—	5
福建省	每份样品尾数（尾）10厘米内	10	10	—	—	10	10	10	—	—	10	10	10	—	—	10	10	10	—	—	10	10	10	—	—	10
福建省	样品品种*	1	1	—	—	1,2,3	1	1	—	—	1,2,3	1	1	—	—	1,2,3	1	1	—	—	1,2,3	1	1	—	—	1,2,3
福建省	采样水温（℃）	18～31					18～31					18～31					18～31					15～31.5				
广东省	样品数（个）	—	—	—	—	462	—	—	—	—	733	—	—	—	—	962	—	—	6	—	450	—	—	—	—	368
广东省	每份样品尾数（尾）成鱼	—	—	—	—	5～10	—	—	—	—	5～10	—	—	—	—	5～10	—	—	—	—	5～10	—	—	—	—	5～10
广东省	每份样品尾数（尾）10厘米内	—	—	—	—	10～20	—	—	—	—	10～20	—	—	—	—	10～20	—	—	50	—	10～20	—	—	—	—	10～20
广东省	样品品种*	—	—	—	—	8、9、12、15、18、19	—	—	—	—	8、9、10、11、12、14、15、18、19	—	—	—	—	6、7、8、9、10、11、12、13、14、15、16、17、18、19、20	—	—	14、21、22	—	8、9、10、11、12、13、14、15、18、23、25	—	—	—	—	8、9、10、11、12、13、14、15、18、21、24
广东省	采样水温（℃）	—	—	—	—	18～30	—	—	—	—	18～33	—	—	—	—	18～33	—	—	18～33	—	25	—	—	—	—	18～33

续表

省份	指标		2010					2011					2012					2013					2014				
			国家级原良种场	省级原良种场	重点苗种场	观赏鱼养殖场	成鱼养殖场	国家级原良种场	省级原良种场	重点苗种场	观赏鱼养殖场	成鱼养殖场	国家级原良种场	省级原良种场	重点苗种场	观赏鱼养殖场	成鱼养殖场	国家级原良种场	省级原良种场	重点苗种场	观赏鱼养殖场	成鱼养殖场	国家级原良种场	省级原良种场	重点苗种场	观赏鱼养殖场	成鱼养殖场
浙江省	样品数（个）		—	—	—	—	—	—	—	—	—	—	—	—	—	—	—	—	—	—	—	—	—	—	—	—	60
	每份样品成鱼尾数（尾）10厘米内		—	—	—	—	—	—	—	—	—	—	—	—	—	—	—	—	—	—	—	—	—	—	—	—	5
	样品品种*		—	—	—	—	—	—	—	—	—	—	—	—	—	—	—	—	—	—	—	—	—	—	—	—	1
	采样水温（℃）				—					—					—					—					17.5～30		

注：* 包括1. 大黄鱼；2. 斜带髭鲷；3. 包公鱼；4. 斑石鲷；5. 褐菖鲉；6. 龙趸；7. 泥鳅；8. 金鲳；9. 鮸鱼；10. 尖吻鲈；11. 花尾胡椒鲷；12. 黄鳍鲷；13. 黑鲷；14. 金钱鱼；15. 石斑鱼；16. 鲷鱼；17. 尖吻鲈；18. 美国红鱼；19. 白姑鱼；20. 鲫鱼；21. 紫红笛鲷；22. 褐毛鲿；23. 甘鱼；24. 军曹鱼；25. 红鳍笛鲷。

1. 样品采集份数

2010—2014 年，全国总计采集、检测样本 4 341 份。其中，2010 年采集、检测样本 794 份，包括国家级原良种场 15 份、省级原良种场 15 份、成鱼养殖场 764 份；2011 年采集、检测样本 1 071 份，包括国家级原良种场 15 份、省级原良种场 15 份、成鱼养殖场 1 041 份；2012 年采集、检测样本 1 205 份，包括国家级原良种场 15 份、省级原良种场 15 份、成鱼养殖场 1 175 份；2013 年采集、检测样本 687 份，包括国家级原良种场 14 份、省级原良种场 14 份、重点苗种场 6 份、成鱼养殖场 653 份；2014 年采集、检测样本 584 份，包括国家级原良种场 13 份、省级原良种场 7 份、成鱼养殖场 564 份（图 21）。

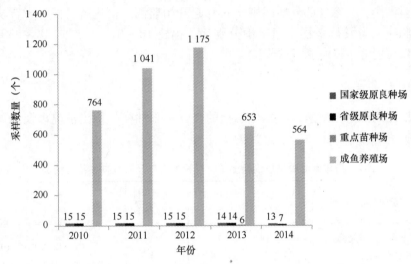

图 21 刺激隐核虫监测历年各类型养殖场采样数量

2. 采样对象

2010—2014 年，各省均根据当地主要养殖品种及刺激隐核虫的易感品种确定具体监测品种，符合刺激隐核虫监测要求。福建省的监测品种以大黄鱼为主，还包括斜带髭鲷、包公鱼等福建省其他重点海水养殖鱼类。浙江省的监测品种仅为大黄鱼。广东省的监测品种基本涵盖该省海水养殖鱼类品种，包括褐菖鲉、龙趸、泥鳗、金鲳、鮸鱼、卵形鲳鲹、斑石鲷、花尾胡椒鲷、黄鳍鲷、黑鲷、金钱鱼、石斑鱼、鲻鱼、尖吻鲈、美国红鱼、白姑鱼、鲕鱼、紫红笛鲷、褐毛鲿、甘鱼、军曹鱼、红鳍笛鲷等。

3. 样品数量与规格

2010—2012 年，刺激隐核虫监测参照的标准为福建省淡水水产研究所和福建省水生动物疫病预防控制中心联合制定的实验室标准《水生动物刺激隐核虫病诊断规程》（FJAAECC/T 02—01），此标准规定每份样品采集鱼体数量应符合《水生动物检疫实验技术规范的规定》（SC/T 7014—2006）的要求；2013—2014 年的监测中参照的标准为福建省地方标准《海水养殖鱼类刺激隐核虫病诊断规程》（DB35/T 1353—2013），此标准规定每份样品采集鱼体数量"全长小于5厘米的为10尾,全长大于或等于5厘米的为5尾"。

样品规格方面,在2010—2014年的监测中,样品规格皆以大于5厘米的鱼种或成鱼为主,规格小于5厘米的样品极少,但广东省存在部分样品未标明鱼体规格的现象。每份样品的数量方面,福建省无论鱼体大小每份样品均采集10尾鱼;浙江省每份样品均采集5~10尾不等;广东省成鱼每份样品采集15~10尾不等,10厘米以内的鱼种每份样品采集10~20不等,均满足采样要求。

4. 采样水温

根据刺激隐核虫病的流行病学特征,国家监测计划规定的监测期为每年的5—11月。实际监测中,广东省部分地区则从3月起开始监测,福建省与浙江省皆从5月份起开始监测,三省具体采样水温范围分别为:福建18~31℃、广东18~33℃、浙江17.5~30℃,覆盖了疫病流行季节。

（五）检测单位

各省历年刺激隐核虫病检测单位承担的任务、阳性样品检出情况以及采用的检测方法等详见表7。

表7　历年刺激隐核虫病检测单位承担的任务及阳性样品检出情况

检测单位名称	样品来源（省份）	承担检测样品数（个）	检测到阳性样品数（个）	采用的检测方法
福建省淡水水产研究所 闽东水产研究所 福州市海洋渔业技术中心	福建	1 300	255	FJAAECC/T 02—01； DB35/T 1353—2013
茂名市水生动物防疫检疫站	广东	665	218	FJAAECC/T 02—01； DB35/T 1353—2013
饶平县水产技术推广站	广东	358	153	FJAAECC/T 02—01； DB35/T 1353—2013
阳江市水生动物防疫检疫站	广东	506	79	FJAAECC/T 02—01； DB35/T 1353—2013
惠州市水生动物防疫检疫站	广东	579	87	FJAAECC/T 02—01； DB35/T 1353—2013
湛江市水产技术推广中心站	广东	873	553	FJAAECC/T 02—01； DB35/T 1353—2013
浙江省水生动物防疫检疫中心	浙江	60	8	DB35/T 1353—2013
合计		4 341	1 353	

福建省的样品检测采取二级检测法,样品采集及初诊单位为闽东水产研究所和福

州市海洋渔业技术中心，初诊阳性的样品由福建省淡水水产研究所进行实验室确诊。

浙江省的样品采集及检测单位均为浙江省水生动物防疫检疫中心（浙江省水产技术推广总站）。

广东省的样品采集及检测由监测海区所在市（县）水生动物防疫检疫机构（水产技术推广站）承担，即茂名市水生动物防疫检疫站、惠州市水生动物防疫检疫站、湛江市水产技术推广中心站、饶平县水产技术推广站和阳江市水生动物防疫检疫站。

（六）各省历年检测阳性样品情况

各省刺激隐核虫病历年阳性样品情况，包括阳性样品所在监测点名称、阳性样品品种、规格、监测水温等，详见表8。

福建省 2010—2014 年的阳性样品监测点数量分别为 16 个、16 个、12 个、12 个、10 个；阳性样品品种全部为大黄鱼；阳性样品规格则包括成鱼和 10 厘米以下的鱼种，但小于 5 厘米的鱼苗则极少；阳性样品检出水温范围分别为 23.5～28.3℃、23.7～28.5℃、23.4～28.8℃、23.4～29℃、24～29.4℃。广东省 2010—2014 年的阳性样品监测点数量分别为 7 个、19 个、34 个、18 个、7 个；阳性样品品种包括石斑鱼、美国红鱼、金鲳鱼、黄鳍鲷、褐篮子鱼、鮸鱼、真鲷、黑鲷、卵形鲳鲹、甘鱼、金钱鲷、白花鱼、花尾胡椒鲷、军曹鱼、红鳍笛鲷等；阳性样品规格则包括成鱼和 10 厘米以下的鱼种，以成鱼为主；阳性样品检出水温范围分别为 25～28℃、25～30℃、23～31℃、22～30℃、24～28℃。浙江省 2014 年才被纳入国家监测计划，该年度阳性样品监测点数量为 2 个，阳性样品全部为大黄鱼成鱼，阳性样品检出水温范围为 28～29℃。

二、检测结果分析

（一）易感宿主分析

检测结果证实了几乎所有的海水养殖鱼类均为易感宿主的结论。广东省 2010—2014 年的检测结果显示，刺激隐核虫病的阳性样品的品种包括石斑鱼、美国红鱼、金鲳鱼、黄鳍鲷、褐篮子鱼、鮸鱼、真鲷、黑鲷、卵形鲳鲹、甘鱼、金钱鲷、白花鱼（白姑鱼）、花尾胡椒鲷、军曹鱼、红鳍笛鲷等，基本涵盖广东主要海水养殖硬骨鱼类，与现有公开发表的文献资料对刺激隐核虫易感宿主的报道相一致。但由于各省主要养殖品种不同，监测品种也就不同，导致养殖品种的阳性样品在各省分布不均匀。如福建省以养殖大黄鱼为主，网箱分布密度和箱内养殖密度都很高，其他海水鱼类虽有养殖但相对较少，因此监测采样也以大黄鱼为主，其他养殖品种为辅，进而造成福建省的阳性样品绝大部分都为大黄鱼，其他养殖品种仅在部分联系监测点中偶尔检出阳性样品；而浙江省由于只监测大黄鱼，未对其他品种开展监测，因此其阳性样品也全部为大黄鱼。

表8 各省刺激隐核虫病历年阳性样品情况

省份	2010年 阳性样品监测点名称	品种*	成鱼	10厘米以下	水温(℃)	2011年 阳性样品监测点名称	品种*	成鱼	10厘米以下	水温(℃)
福建	罗源湾鸟屿苏金忠	1		☑	24.8~27.6	罗源湾鸟屿苏金忠	1		☑	24.5~28
	罗源湾鸟屿吴国安	1	☑		24.5~28	罗源湾鸟屿吴国安	1	☑		24.7~27.8
	罗源湾岗屿陈有富	1	☑		24~27.6	罗源湾岗屿陈有富	1	☑		24.3~27.5
	罗源湾岗屿陈茂杰	1		☑	25~28	罗源湾岗屿陈茂杰	1		☑	24.6~27.8
	蕉城三都镇青澳28-2	1		☑	24.7~28.2	蕉城三都镇青澳28-2	1		☑	24.3~28
	蕉城三都镇青山366	1	☑		23.5~27.5	蕉城三都镇青山366	1	☑		23.7~27.9
	蕉城三都镇青山	1		☑	23.8~27.8	蕉城三都镇青山	1	☑		24~28.2
	蕉城三都镇白基湾	1	☑		24.6~28.1	蕉城三都镇白基湾	1		☑	25~28.2
	蕉城三都镇大湾13	1	☑		24.4~27.9	蕉城三都镇大湾13	1		☑	24.7~28.5
	蕉城三都镇黄湾	1		☑	24~28.2	蕉城三都镇黄湾	1	☑		24.5~28.4
	福安下白石镇本斗坑	1	☑		23.6~28.3	福安下白石镇本斗坑	1	☑		23.8~28.5
	福安下白石镇福屿	1		☑	24.7~28	福安下白石镇福屿	1	☑		24~28.5
	霞浦溪南镇赤龙门	1	☑		24.5~28.1	霞浦溪南镇赤龙门	1	☑		25~28.4
	霞浦溪南镇白沙角	1		☑	24.2~28.3	霞浦溪南镇白沙角	1	☑		24.8~28.3
	福鼎店下镇长屿	1		☑	25~27.5	福鼎店下镇长屿	1	☑		25.5~28
	福鼎白琳镇八尺门	1		☑	25.2~27.3	福鼎白琳镇八尺门	1	☑		25.3~27.8

续表

省份	2010年				2011年			
	阳性样品监测点名称	品种*	规格（成鱼 / 10厘米以下）	水温（℃）	阳性样品监测点名称	品种*	规格（成鱼 / 10厘米以下）	水温（℃）
广东	电白叶岳林渔排	18	成鱼☑ / 10厘米以下□	28	电白叶岳林渔排	18	成鱼☑ / 10厘米以下□	28
	电白永兴渔排	8	成鱼☑ / 10厘米以下□	28	电白永兴渔排	8	成鱼☑ / 10厘米以下□	28
	水东湾渔排	12	成鱼☑ / 10厘米以下□	28	水东湾渔排	12	成鱼☑ / 10厘米以下□	30
	电白蔡振伟渔排	15	成鱼☑ / 10厘米以下□	28	电白蔡振伟渔排	15	成鱼☑ / 10厘米以下□	30
	林任忠渔排	8	成鱼☑ / 10厘米以下□	25~28	陈小星渔排	10	成鱼☑ / 10厘米以下□	26
	钟向好渔排	18	成鱼☑ / 10厘米以下□	25~28	梁驰芬渔排	10	成鱼☑ / 10厘米以下□	26
	林传文渔排	8	成鱼☑ / 10厘米以下□	25~28	林任忠渔排	8	成鱼☑ / 10厘米以下□	25~28
					蔡法浪渔排	13	成鱼□ / 10厘米以下☑	25~28
					雷州流沙黄民渔排	10,18	成鱼□ / 10厘米以下☑	28
					雷州流沙黄明渔排	10,18	成鱼□ / 10厘米以下☑	28
					雷州流沙余光武渔排	10,18	成鱼□ / 10厘米以下☑	28
					雷州流沙陈兴初渔排	10,18	成鱼□ / 10厘米以下☑	29
					雷州流沙陈恒名渔排	10,18	成鱼□ / 10厘米以下☑	29
					雷州流沙廖福渔排	10,18	成鱼□ / 10厘米以下☑	29
					雷州流沙梁昌渔排	10,18	成鱼□ / 10厘米以下☑	30
					雷州流沙陈飞渔排	10,18	成鱼□ / 10厘米以下☑	30
					雷州流沙陈杰渔排	10,18	成鱼□ / 10厘米以下☑	30
					雷州流沙黄建兴渔排	10,18	成鱼□ / 10厘米以下☑	30
					雷州流沙李北渔排	10,18	成鱼□ / 10厘米以下☑	30

续表

省份	2012年 阳性样品监测点名称	品种*	规格 成鱼	规格 10厘米以下	水温(℃)	2013年 阳性样品监测点名称	品种*	规格 成鱼	规格 10厘米以下	水温(℃)	2014年 阳性样品监测点名称	品种*	规格 成鱼	规格 10厘米以下	水温(℃)
福建	罗源湾鸟屿苏金忠	1	☑	☑	25.3~27.7	罗源湾鸟屿苏金忠	1	☑	☑	25.5~27.6	罗源湾鸟屿苏金忠	1	☑	☑	26.5~29
	罗源湾鸟屿吴国安	1	☑	☑	25.3~27.5	罗源湾鸟屿吴国安	1	☑	☑	25.5~27.6	罗源湾鸟屿游水鑫	1	☑	☑	26.4~28.8
	罗源湾岗屿陈有富	1	☑	☑	24.5~27.6	罗源湾岗屿陈有富	1	☑	☑	24.8~27.5	罗源岗屿陈有富	1	☑	☑	26.1~28.1
	罗源湾岗屿陈茂杰	1	☑	☑	25.2~27.5	罗源湾岗屿陈茂杰	1	☑	☑	25~27.5	罗源岗屿陈彭章章	1	☑	☑	26.5~27.9
	蕉城三都镇青澳28-2	1	☑	☑	24~28.7	蕉城三都镇青澳28-2	1	☑	☑	23.8~28.8	蕉城三都镇龟壁	1	☑	☑	24.8~29.4
	蕉城三都镇青山366	1	☑	☑	23.5~28.5	蕉城三都镇青山366	1	☑	☑	23.5~28.5	蕉城三都镇白基湾	1	☑	☑	24~29
	蕉城三都镇白基湾	1	☑	☑	24.2~28.3	蕉城三都镇白基湾	1	☑	☑	23.7~28.8	蕉城三都镇大湾13	1	☑	☑	24.1~29.4
	蕉城三都镇大湾13	1	☑	☑	23.7~28.8	蕉城三都镇大湾13	1	☑	☑	23.6~29	福安下白石镇本斗坑61号	1	☑	☑	24.2~29.2
	福安下白石镇本斗坑61号	1	☑	☑	23.4~28.7	福安下白石镇本斗坑61号	1	☑	☑	23.4~28.7	霞浦东安		☑	☑	26.2
	福安下白石镇福屿	1	☑	☑	23.5~28.3	福安下白石镇福屿	1	☑	☑	23.4~28.5	霞浦溪南镇白鲍岛	1	☑	☑	25.8~29.2
	霞浦溪南镇白鲍岛	1	☑	☑	25.3~28.8	霞浦溪南镇白鲍岛	1	☑	☑	25.4~29					
	福鼎店下镇长屿	1	☑	☑	26~28.7	福鼎店下镇长屿	1	☑	☑	25.7~29					
广东	电白旦场镇李亮养殖场	6	☑	□	28	电白陈村镇杨明养殖场	15	☑	□	28	阳江市永兴水产养殖有限公司	13、14	☑	□	24
	电白旦场镇邓民时养殖场	8	☑	□	28	电白陈村镇张士琴养殖场	15	☑	□	28	阳西沙扒益晖水产科技有限公司	14	☑	□	25

续表

省份	2012年 阳性样品监测点名称	品种*	规格 成鱼	规格 10厘米以下	水温(℃)	2013年 阳性样品监测点名称	品种*	规格 成鱼	规格 10厘米以下	水温(℃)	2014年 阳性样品监测点名称	品种*	规格 成鱼	规格 10厘米以下	水温(℃)
广东	电白陈村镇木悉养殖场	7	☑	□	29	电白陈村镇韦雪养殖场	15	☑	□	29	闸坡镇梁驰芬渔排	11,24	☑	□	27
	电白陈村镇潘茂村养殖场	18	☑	□	29	电白陈村镇龙木星养殖场	15	☑	□	29	林任忠渔排	8	☑	□	25~28
	电白陈村镇张如强养殖场	8	☑	□	29	电白陈村镇陈韶养殖场	15	☑	□	29	黄港渔排	18	☑	□	25~28
	电白陈村镇黄顺杰养殖场	10	☑	□	30	李树松渔排	9	☑	□	28	陈小星渔排	10	☑	□	25~28
	电白旦场镇张文养殖场	13	☑	□	30	李添才渔排	23	☑	□	27	蔡法浪渔排	18	☑	□	25~28
	电白旦场镇李昌明养殖场	15	☑	□	30	陈涨水渔排	23	☑	□	28					
	电白旦场镇李尧养殖场	9	☑	□	31	李学军渔排	9,19	☑	□	29					
	电白陈村镇陈韶养殖场	15	☑	□	31	林东泉鱼苗场	14	□	☑	27					
	李树松渔排	9	☑	□	25	陈国厚养殖场	14	□	☑	22					
	李添才渔排	20	☑	□	28	坡头曹发渔排	10、25、15	□	☑	28					

续表

省份	2012年				2013年				2014年			
	阳性样品监测点名称	品种*	规格（成鱼 / 10厘米以下）	水温（℃）	阳性样品监测点名称	品种*	规格（成鱼 / 10厘米以下）	水温（℃）	阳性样品监测点名称	品种*	规格（成鱼 / 10厘米以下）	水温（℃）
广东	陈添水渔排	20	成鱼 ☑ / 10厘米以下 □	27	坡头杨成渔排	10、25、15	成鱼 □ / 10厘米以下 ☑	28				
	阳西沙扒益晖水产科技有限公司	10	成鱼 ☑ / 10厘米以下 □	23	坡头温日贵渔排	10、25、15	成鱼 □ / 10厘米以下 ☑	29				
	梁驰芬渔排	11	成鱼 ☑ / 10厘米以下 □	25	坡头龙陆渔排	10、25、15	成鱼 □ / 10厘米以下 ☑	29				
	阳西沙扒源富水产养殖专业合作社	10	成鱼 □ / 10厘米以下 ☑	28	坡头陈南妹渔排	10、25、15	成鱼 □ / 10厘米以下 ☑	30				
	何国升养殖场	12	成鱼 ☑ / 10厘米以下 □	28	坡头陈王渔排	10、25、15	成鱼 □ / 10厘米以下 ☑	30				
	阳江永兴水产养殖有限公司	13	成鱼 ☑ / 10厘米以下 □	26	坡头龙胜武渔排	10、25、15	成鱼 □ / 10厘米以下 ☑	30				
	阳江兴顺水产养殖有限公司	13	成鱼 ☑ / 10厘米以下 □	26								
	余贵子渔排	10	成鱼 ☑ / 10厘米以下 □	25								
	丁尧祥养殖场	12	成鱼 ☑ / 10厘米以下 □	24								

续表

省份	2012 年					2013 年					2014 年				
	阳性样品监测点名称	品种*	规格		水温（℃）	阳性样品监测点名称	品种*	规格		水温（℃）	阳性样品监测点名称	品种*	规格		水温（℃）
			成鱼	10厘米以下				成鱼	10厘米以下				成鱼	10厘米以下	
广东	钟向好渔排	9、19	☑	□	25～28										
	林任忠渔排	18	☑	□	25～28										
	雷州流沙黄民渔排	18、10	□	☑	28										
	雷州流沙黄明渔排	18、10	□	☑	28										
	雷州流沙余光武渔排	18、10	□	☑	28										
	雷州流沙陈兴初渔排	18、10	□	☑	29										
	雷州流沙陈恒名渔排	18、10	□	☑	29										
	雷州流沙廖福渔排	18、10	□	☑	29										
	雷州流沙梁昌渔排	18、10	□	☑	30										
	雷州流沙陈飞渔排	18、10	□	☑	30										
	雷州流沙陈杰渔排	18、10	□	☑	30										
	雷州流沙黄建兴渔排	18、10	□	☑	31										
	雷州流沙李北渔排	18、10	□	☑	31										
浙江											马站镇介牌村深水网箱养殖西区	1	☑	□	28～29
											马站镇介牌村深水网箱养殖中区	1	☑	□	28～29

注：* 为1. 大黄鱼；2. 斜带髭鲷；3. 包公鱼；4. 斑石鲷；5. 褐菖鲉；6. 龙趸；7. 泥鯭；8. 金鲳；9. 鮸鱼；10. 卵形鲳鲹；11. 黄鳍鲷；12. 黑鲷；13. 黑鲷；14. 金钱鱼；15. 石斑鱼；16. 鲷鱼；17. 尖吻鲈；18. 尖鳍鲈；19. 美国红鱼；20. 鰤鱼；21. 鮹鱼；22. 褐毛鲿；23. 甘鱼；24. 军曹鱼；25. 军曹幼鲷。

（二）阳性区域分布分析

检测结果也证实了刺激隐核虫病广泛分布于我国南方海水鱼类各养殖区域。

2010—2013年的监测结果显示，除2013年广东惠州未检出阳性样品外，其余各监测县（市）都检出阳性样品。

2014年，福建、浙江和广东3省皆检出阳性样品，阳性样品具体分布于福建省的福州罗源湾、宁德三都湾和沙埕港，浙江省苍南，广东省惠州、阳江（图22），而浙江象山、广东茂名、广东饶平则未检出阳性样品。

图22　2014年刺激隐核虫阳性样品地理分布

1. 福建省阳性样品分布区域

自2010年开始实施刺激隐核虫监测计划以来，福建省的具体监测点不同年份虽有所变化，但监测海区则相对稳定，每年都对福州罗源湾、宁德三都湾和沙埕港实施监测。监测结果显示，上述3个海区每年都检出阳性样品，历年具体的阳性样品检出养殖场详见表9。

表9　福建省历年阳性样品分布

序号	阳性监测点名称				
	2010年	2011年	2012年	2013年	2014年
1	罗源湾鸟屿苏金忠	罗源湾鸟屿苏金忠	罗源湾鸟屿苏金忠	罗源湾鸟屿苏金忠	罗源湾鸟屿苏金忠
2	罗源湾鸟屿吴国安	罗源湾鸟屿吴国安	罗源湾鸟屿吴国安	罗源湾鸟屿吴国安	罗源湾鸟屿游永鑫
3	罗源湾岗屿陈有富	罗源湾岗屿陈有富	罗源湾岗屿陈有富	罗源湾岗屿陈有富	罗源湾岗屿陈有富
4	罗源湾岗屿陈茂杰	罗源湾岗屿陈茂杰	罗源湾岗屿陈茂杰	罗源湾岗屿陈茂杰	罗源湾岗屿彭章章

序号	阳性监测点名称				
	2010 年	2011 年	2012 年	2013 年	2014 年
5	蕉城区三都镇青澳 28 - 2	蕉城区三都镇青澳 28 - 2	蕉城区三都镇青澳 28 - 2	蕉城区三都镇青澳 28 - 2	蕉城区三都镇龟壁
6	蕉城区三都镇青山 366	蕉城区三都镇青山 366	蕉城区三都镇青山 366	蕉城区三都镇青山 366	蕉城区三都镇白基湾
7	蕉城区三都镇青山	蕉城区三都镇青山	蕉城区三都镇白基湾	蕉城区三都镇白基湾	蕉城区三都镇大湾 13
8	蕉城区三都镇白基湾	蕉城区三都镇白基湾	蕉城区三都镇大湾 13	蕉城区三都镇大湾 13	福安市下白石镇本斗坑 61 号
9	蕉城区三都镇大湾 13	蕉城区三都镇大湾 13	福安市下白石镇本斗坑 61 号	福安市下白石镇本斗坑 61 号	霞浦县东安
10	蕉城区三都镇黄湾	蕉城区三都镇黄湾	福安市下白石镇福屿	福安市下白石镇福屿	霞浦县溪南镇白匏岛
11	福安市下白石镇本斗坑	福安市下白石镇本斗坑	霞浦县溪南镇白匏岛	霞浦县溪南镇白匏岛	
12	福安市下白石镇福屿	福安市下白石镇福屿	福鼎市店下镇长屿	福鼎市店下镇长屿	
13	霞浦县溪南镇赤龙门	霞浦县溪南镇赤龙门			
14	霞浦县溪南镇白沙角	霞浦县溪南镇白沙角			
15	福鼎市店下镇长屿	福鼎市店下镇长屿			
16	福鼎市白琳镇八尺门	福鼎市白琳镇八尺门			

2. 广东省阳性样品分布区域

自 2010 年开始,广东省先后在茂名(2010—2014 年)、饶平(2012—2014 年)、阳江(2011—2014 年)、惠州(2010—2014 年)和湛江(2011—2013 年)实施刺激隐核虫监测。监测结果显示,惠州 2013 年未检出阳性样品,茂名和饶平两地 2014 年未检出阳性样品,阳江和湛江则在所有参测年份都检出阳性样品,全省历年具体的阳性样品检出养殖场详见表 10。

表 10　广东省历年阳性样品分布

序号	阳性监测点名称				
	2010 年	2011 年	2012 年	2013 年	2014 年
1	电白叶岳林渔排	电白叶岳林渔排	电白县旦场镇李亮养殖场	电白县陈村镇杨明养殖场	阳江市永兴水产养殖有限公司
2	电白永兴渔排	电白永兴渔排	电白县旦场镇邓民时养殖场	电白县陈村镇张土琴养殖场	阳西沙扒益晖水产科技有限公司

续表

序号	阳性监测点名称				
	2010 年	2011 年	2012 年	2013 年	2014 年
3	水东湾渔排	水东湾渔排	电白县陈村镇陈木蕊养殖场	电白县陈村镇韩雪养殖场	闸坡镇梁驰芬渔排
4	电白蔡振伟渔排	电白蔡振伟渔排	电白县陈村镇潘茂材养殖场	电白县陈村镇龙木星养殖场	林任忠渔排
5	林任忠渔排	陈小星渔排	电白县陈村镇张如强养殖场	电白县陈村镇陈韶养殖场	黄港渔排
6	钟向好渔排	梁驰芬渔排	电白县陈村镇黄顺杰养殖场	李炳松渔排	陈小星渔排
7	林传文渔排	林任忠渔排	电白县旦场镇张文养殖场	李添才渔排	蔡法浪渔排
8		蔡法浪渔排	电白县旦场镇李昌明养殖场	陈添水渔排	
9		雷州流沙黄民渔排	电白县旦场镇李亮养殖场	李学军渔排	
10		雷州流沙黄明渔排	电白县陈村镇陈韶养殖场	林李泉鱼苗场	
11		雷州流沙余光武渔排	李炳松渔排	陈国厚养殖场	
12		雷州流沙陈兴初渔排	李添才渔排	坡头曹发渔排	
13		雷州流沙陈恒名渔排	陈添水渔排	坡头杨成渔排	
14		雷州流沙廖福渔排	阳西沙扒益晖水产科技有限公司	坡头温日贵渔排	
15		雷州流沙梁昌渔排	梁驰芬渔排	坡头龙陆渔排	
16		雷州流沙陈飞渔排	阳西沙扒源富水产养殖专业合作社	坡头陈南妹渔排	
17		雷州流沙陈杰渔排	何国升养殖场	坡头陈王养渔排	
18		雷州流沙黄建兴渔排	阳江永兴水产养殖有限公司	坡头龙胜武渔排	
19		雷州流沙李壮渔排	阳江兴顺水产养殖有限公司		
20			余贵子渔排		
21			丁亮祥养殖场		
22			钟向好渔排		
23			林任忠渔排		

序号	阳性监测点名称				
	2010 年	2011 年	2012 年	2013 年	2014 年
24			雷州流沙黄民渔排		
25			雷州流沙黄明渔排		
26			雷州流沙余光武渔排		
27			雷州流沙陈兴初渔排		
28			雷州流沙陈恒名渔排		
29			雷州流沙廖福渔排		
30			雷州流沙梁昌渔排		
31			雷州流沙陈飞渔排		
32			雷州流沙陈杰渔排		
33			雷州流沙黄建兴渔排		
34			雷州流沙李壮渔排		

3. 浙江省阳性样品分布区域

浙江省 2014 年才开展监测，在宁波市象山县和温州市苍南县各设置 2 个监测点开展，全年采集并检测样品 60 份，检出阳性样品 8 份，全部来自苍南县马站镇界牌村深水网箱养殖区（表11）。

表11　浙江省 2014 年阳性样品分布

序号	阳性监测点名称
1	苍南县马站镇介牌村深水网箱养殖西区
2	苍南县马站镇介牌村深水网箱养殖中区

（三）发病水温分析

监测结果显示刺激隐核虫的适温范围有逐渐变广的趋势。历年刺激隐核虫阳性样品检出水温范围详见图 23。监测结果显示，自 2010 年开始实施专项监测以来，刺激隐核虫的最低检出水温为 22℃（2013 年），最高检出水温为 31℃（2012 年）。

2014 年，阳性样品分布于 5—10 月，检出阳性样品的最低水温 23.6℃，最高水温 29.4℃，阳性样品分布于 5—10 月，福建省最早于 5 月下旬开始检出阳性样品，进入 10 月后未再检出阳性样品；浙江省的阳性样品集中出现于 7 月底（7 月 29 日）至 8 月底（8 月 31 日）之间；广东省最早于 6 月份开始检出阳性样品，7 月、8 月两个月未检出阳性样品，进入 11 月份后停止检出，各省各月份的阳性样品分布详见表12。5—10 月每月阳性样品检出数量以及占全部阳性样品的比例具体为：5 月检出 1 份，占比 1.43%；6 月检出 13 份，占比 18.57%；7 月检出 17 份，占比 24.29%；8 月检出 19 份，占比 27.14%；9

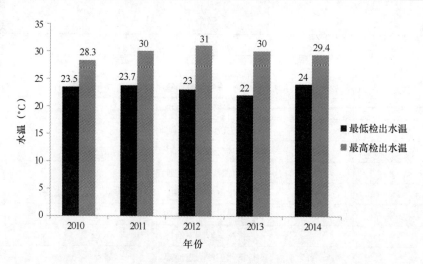

图23 刺激隐核虫历年阳性样品检出水温

月检出12份，占比17.14%；10月检出8份，占比11.43%（图24）。

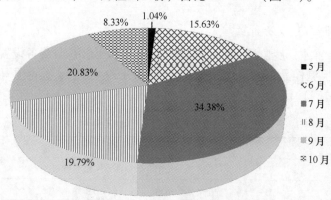

图24 2014年阳性样品的月份分布

表12 2014年各月份阳性样品分布

月份	阳性样品数（份）			合计（份）
	福建	浙江	广东	
5	1	0	0	1
6	12	0	3	15
7	15	2	16	33
8	13	6	0	19
9	4	0	16	20
10	0	0	8	8
合计（份）	45	8	43	96

监测结果表明，2014 年监测省份海水养殖鱼类刺激隐核虫病流行季节为 6—10 月，发病高峰为 8—9 月，进入 10 月份后发病率开始降低，至 11 月份停止。

（四）流行规律分析

刺激隐核虫病在水体受污染、富营养化或网箱布局不合理、网箱分布密度过高以及箱内养殖密度过高的环境中易发生，此规律也为近年的监测结果所证实。此外，刺激隐核虫病在水温 10～30℃均可发生，流行水温为 22～28℃，因此该病在我国南方省份多表现为每年有 2 个发病高峰期，即 5 月下旬至 7 月中旬（水温为 22～28℃）和 9 月中旬至 11 月下旬（水温为 19～25℃）。2014 年的监测结果显示，广东刺激隐核虫病的发生符合该规律，但在福建和浙江该规律的表现并不明显，福建省 6—8 月阳性样品的检出率并无明显差异，反而进入 9 月份后阳性样品检出率明显下降，至 10 月份后再无阳性样品出现，而浙江省全年的阳性样品则集中于 7 月 29 日至 8 月 31 日这一个月的时间内，究其原因，可能与 2014 年适合虫体繁殖生长的夏季高温期较短有关。

三、风险分析及建议

（一）风险分析

我国主要海水养殖硬骨鱼类，包括大黄鱼、石斑鱼、美国红鱼、金鲳鱼、黄鳍鲷、褐篮子鱼、鲅鱼、真鲷、黑鲷、卵形鲳鲹、甘鱼、金钱鲷、白花鱼（白姑鱼）、花尾胡椒鲷、军曹鱼、红鳍笛鲷等均为刺激隐核虫的易感鱼类，没有明显的鱼种选择性，几乎可以感染所有海水养殖鱼类，具有高致病性和高暴发性的特征，发病后短时间内可导致发病鱼大量死亡，损失极为严重，因此，该病极大地威胁我国海水鱼类养殖业的发展。

鉴于刺激隐核虫的广泛分布，适温范围较广，对宿主品种几乎无选择性的特性，易感染海水养殖鱼类；我国海水鱼类主导为网箱、围网等开放式养殖方式，养殖环境海湾养殖历史较长，发病频繁，病原丰度较高，无法有效隔离病原入侵；无法对开放式海湾养殖环境进行有效处理，改良环境条件；缺乏在开放水体下适宜给药的安全高效内服驱虫药物，这些因素导致人为控制该病能力十分有限。每年因气候、养殖环境条件、养殖品种放养及养殖方式等因素作用，存在该病于流行季节在局部地区甚至大范围暴发并流行的风险。

（二）风险管控建议

1. 采取有效措施控制网箱密度

由于刺激隐核虫病的发生与养殖区网箱分布密度密切相关，在分布合理、水流速度较好的海域，发病率及死亡率较高；而在网箱分布密度高、水流较缓的海域发病率和死亡率较高，因此，在已有养殖海区，合理规划养殖容量、科学布局网箱设置是降低该病暴发最重要的措施。

2. 进一步加强疫病监测和预警

由于刺激隐核虫病危害严重且防治困难，因此，应加强疫病的监测和预警，做到早发现早采取措施，尽可能减少损失。扩大监测范围，包括监测地理范围和品种范围，如北方地区牙鲆等；根据历史发病季节和条件，结合监测结果，发现少量虫体感染，及时做出发病预警，采取疏散网箱或封闭水域及时杀虫等措施，避免或减少发病。

3. 强化疫病的风险管理

我国农业部 2008 年 12 月发布的《一、二、三类动物疫病病种名录》将刺激隐核虫病列为二类动物疫病，而《中华人民共和国动物防疫法》第三十二条规定，发生二类动物疫病时，应当采取下列控制和扑灭措施：①当地县级以上地方人民政府兽医主管部门应当划定疫点、疫区、受威胁区；②县级以上地方人民政府根据需要组织有关部门和单位采取隔离、扑杀、销毁、消毒、无害化处理、紧急免疫接种、限制易感染的动物和动物产品及有关物品出入等控制、扑灭措施。然而，由于各种主客观因素的影响，上述措施并未在实际工作中得以贯彻、执行，发病后几乎均由养殖者自主处置病死鱼，无序处置必将导致疫病蔓延，因此，今后应研究并制订可行的刺激隐核虫病的风险管理措施，降低该病的发生，减少造成的损失。

四、监测工作存在的问题及相关建议

（一）监测范围

农业部刺激隐核虫专项监测目前仅涵盖福建、广东和浙江 3 省，而同为我国海水养殖重点地区的浙江以北如江苏、山东、辽宁等迄今尚未纳入监测范围。南北方存在水温、养殖品种和养殖方式差异，因此，刺激隐核虫的流行规律和发病规律等均将与南方省份存在差异。鉴于刺激隐核虫分布的广泛性、危害的严重性等特性，如果需全面了解掌握该寄生虫在我国的流行发病规律，应将监测范围逐步扩大至我国其他海水养殖重点省（市）；同时，在已开展监测的省（市），应尽可能对重点海水养殖区域或海湾全覆盖监测，以更加全面了解和掌握刺激隐核虫在我国的分布、感染和发病情况。

（二）监测点的设置

1. 监测点的类型

自 2010 年开展刺激隐核虫监测以来，除福建对 1 个国家级原良种场和 1 个省级原良种场持续开展监测，广东省于 2013 年对 1 个苗种场进行监测外，其余所有监测点皆为成鱼养殖场，然而，现有流行病学调查结果显示，刺激隐核虫能感染各种不同规格的鱼体，而对大黄鱼苗种的危害尤甚于成鱼，对观赏鱼的危害也十分严重，因此，在今后的监测中，应注意增加原良种场和苗种场以及观赏鱼养殖场的监测比例，以了解和掌握刺激隐核虫在各类型养殖场的发生与流行情况。

2. 监测点的养殖模式

在 2010—2014 年的刺激隐核虫监测中，监测点大多为网箱养殖场，仅广东省自 2012 年开始对少量池塘养殖场开展监测，但随着经济社会和水产养殖技术的发展，除网箱养殖外的工厂化养殖和其他各种不同养殖模式的比例正日益扩大，因此，在今后的监测中，应逐步将其他养殖模式的渔场纳入监测范围。

3. 监测点的连续性

在 2010—2014 年的监测中，部分省份如广东省存在监测点变化较大的情况，未能对阳性养殖场开展持续的监测，在今后的监测工作中应加以纠正。如无特殊情况，应对当地的重点养殖场（如养殖规模较大、在当地较具代表性等），尤其是已检出阳性样品的养殖场开展持续的监测，跟踪了解、掌握刺激隐核虫在当地的分布变化。

（三）样品采集

在样品采集时，部分地区将同一渔排（养殖场）、同一品种、不同网箱的样品归为不同份的样品，虽然样品数量满足了要求，在采样量不变的前提下都对样品覆盖区域产生不利影响，这点在今后的监测中应予以纠正。

（四）监测数据的整理与统计

以往监测中，在对数据进行整理统计时发现或多或少存在以下问题：①监测数据不完整，如无阳性场分布县域数或乡镇数，缺少采样水温、阳性品种名称等相关信息；②数据明显错误，如监测点数量大于实际采样数量、全年甚至多年采样水温全部为同一温度等；③数据前后矛盾，如统计数据中阳性样品监测点数量阳性场数量不符、采样数量与阳性样品数量前后不一致等。上述问题具体参与监测工作以及数据处理的人员在今后的工作中应予以纠正，规范工作流程及统计分析标准，确保数据统计分析结果的科学正确。

地方篇

2014 年北京市水生动物病情分析

北京市水产技术推广站

（那立海　王姝　王静波　徐立蒲）

2014 年北京市在水生动物疾病常见病监测与防治、重大水生动物疫病监测与防治、养殖鱼类病原菌及其药物药敏性监测、无规定疫病苗种场试点建设等方面开展了相关工作。为了今后更好地完成疾病监测与防治工作，现将开展的各项工作总结如下。

一、2014 年水产养殖病害测报与防控

2014 年北京市水产技术推广站继续开展常规鱼病监测、重大水生动物疫病监测和用药监测工作。通过监测，了解掌握北京市水产病害流行状况，做到合理用药，科学防治，保障水产品食用安全。

（一）工作与组织方式

1. 常规鱼病监测

北京市水产技术推广站（以下简称市推广站）负责制定《北京市水生动物疾病监测工作方案》，并为区县提供检测技术支撑。由区县水产技术推广部门每年 4—10 月逐月开展监测工作，并报表到市推广站汇总。同时市推广站直接抽样监测检测的数据，作为重要组成部分，也汇总到每月的鱼病报表中。

2014 年年初市推广站召开了工作部署会议。在会上向各区县布置了 2014 年的监测工作。3 月底前各区县上报设置的常规病害监测点。4 月初市推广站对全市的常规病害监测点进行了统计，明确了监测点数量、监测品种和监测面积，以及各监测点的基本情况。

为了使监测数据更加全面，市推广站还要求各区县在每月报送监测点的鱼病发生情况时，对辖区内非监测点发生的鱼病也要及时上报。

2. 重大水生动物疫病监测

为全面掌握北京地区重大水生动物疫病的病原分布、流行趋势和疫情动态，以便科学制定防控策略，减少因水生动物疫病所造成的经济损失，2014 年市推广站开展了重大水生动物疫病监测工作。全年计划监测 5 种重大水生动物疫病，数量 100 个，其中包括农业部下达的监测任务 75 个。

年初市推广站制定了全市水生动物重大疫病精准监测方案，明确监测对象、监测品种、抽样时间，抽样数量等，并负责组织实施。2014 年 3 月市推广站组织各区县推广站召开监测工作部署会，给各区县布置了全年的抽样计划，包括监测疾病的种类、

抽样品种和抽样数量。

重大水生动物疫病监测样品，由各区县派专人负责抽样，并按时送至市水产技术推广站水生动物疾病检测技术中心实施检测。送样要求：每个样品（即每个被抽检渔场）包含鱼的数量不低于150尾，尽量选择有症状的鱼送检，活体运输。各区县抽样送检人员认真填写抽样单并签字。部分监测样品，由市推广站技术人员直接到渔场抽样。按照农业部渔业局和全国总站2014年的新要求，每个样品包含鱼的数量不得少于150尾。市推广站特别强调了数量要求。

3. 用药监测

主要工作内容包括主要致病菌的分离、鉴定与药物敏感性监测。工作方式主要是每月市推广站技术人员到渔场直接抽样检测，并填写《水生动物疾病检测记录表》，详细记录了样品的基本信息、寄生虫检测和细菌检测、药敏结果、建议措施、农户反馈等。药敏试验结果，技术人员及时告知养殖户，并指导用药，还会定期回访，跟踪调查用药效果。

2014年4—10月，市推广站在通州、顺义、朝阳、怀柔、密云、房山等区县的45个渔场进行了鱼病诊疗工作（图1），对60个样品进行了病原菌分离及敏感药物筛选。涉及品种有草鱼、鲤、观赏鱼（金鱼、锦鲤）、虹鳟和鲟等。

图1　技术人员下乡看鱼病

（二）监测点、监测数量、监测项目等基本情况

1. 常规鱼病监测

主要监测品种：鲤、草鱼、鲢、鳙、鲫、金鱼（草金鱼）、锦鲤、虹鳟、鲟等。

监测项目：水霉病、车轮虫病、指环虫病、孢子虫病、锚头鳋病、斜管虫病、小瓜虫病、打印病、烂鳃病、细菌性肠炎病、赤皮病、淡水鱼细菌性败血症、竖鳞病、气泡病等。

监测面积：1.22万亩。

监测时间：4—10 月。

监测点数量及分布：年初各区县上报了辖区内监测点名称、监测面积和品种等信息。各区县的监测点数量见图 2。北京市在 11 个区县共设立了 81 个监测点。

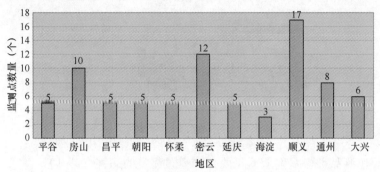

图 2　各区县设立的监测点数量统计

按照监测品种分：观赏鱼场（金鱼、锦鲤）16 个，占 19.7%；冷水鱼场（虹鳟、鲟）10 个，占 12.3%；大宗鱼类养殖场（鲤、草鱼、鲫、鲢等）55 个，占 68%。

按养殖模式分：流水养殖场占 12%；池塘（工厂化）占 88%。

2. 重大水生动物疫病监测

根据 2014 年度《国家水生动物疫病监测计划》，北京市重大水生动物疫病监测任务：鲤春病毒血症（SVC）监测 25 个样品，传染性造血器官坏死病（IHN）监测 30 个样品，锦鲤疱疹病毒病（KHVD）监测 20 个样品，合计 75 个样品。市推广站已经完成 SVC 样品 51 个，IHN 样品 30 个，KHVD 样品 22 个，检测 12 887 尾鱼。此外还监测鲫造血器官坏死症（CCHN）样品 13 个，草鱼出血病（GCHD）样品 8 个，细菌性肾病（BKD）样品 1 个。共计 6 个监测项目，125 个样品。

3. 精准用药监测

详见后述。

（三）监测结果

2014 年 4—10 月，在 81 个监测点中对虹鳟、鲟、草鱼、鲤、鲢、鲫、金鱼、草金鱼、锦鲤 9 种养殖鱼类实施病害监测。监测点平均发病率约为 32.23%。检测到重大水生动物疫病阳性样品 23 个。

监测到的主要病害种类为指环虫病、车轮虫病、小瓜虫病、孢子虫病、锚头蚤病、水霉病、打印病、赤皮病、细菌性肠炎病、烂鳃病，淡水鱼细菌性败血症、细菌性肾病、气泡病、水质恶化引发的疾病以及病毒性疾病（鲤春病毒血症、传染性造血器官坏死病、草鱼出血病、鲫造血器官坏死症）。按照疾病的性质分类。真菌性疾病 1 种，为水霉病，占比 5%。寄生虫性疾病主要有 5 种，为车轮虫病、指环虫病、孢子虫病、小瓜虫病、锚头蚤病，占比 23%。细菌性疾病 11 种，为打印病、烂鳃病、细菌性肠炎病、赤皮病、淡水鱼细菌性败血症、竖鳞病、烂尾病、细菌性肾病等，占比44%。病毒性疾病4种，为鲤春病毒血症、传染性造血器官坏死病、鲫造血器官坏死症和草鱼出血病。另外还有不明病因的部分疾病以及水质恶化引发的气泡病等疾病（图3）。

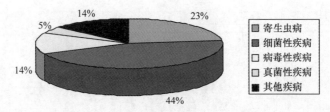

图3　各种病因百分比

各个主要监测品种均发生了不同种类、不同程度的病害（表1）。从表1中可以看出易染病的主要品种是草鱼、鲤、虹鳟、鲟和观赏鱼。

据初步统计，2014年北京市水产养殖因病损失6 210.2万尾苗种，损失114.2吨成鱼（表2和表3）。锦鲤、金鱼和草鱼的苗种损失量较大。锦鲤的苗种损失主要是因为某种不明病因的疾病流行，患病鱼呈现出烂鳃、体表溃烂，但经检测未发现病毒，仅分离到常见细菌，病原有待研究。金鱼的苗种损失主要是金鱼造血器官坏死病暴发流行造成的。草鱼的苗种损失主要是草鱼出血病感染造成的。虹鳟、鲟、草鱼和鲤的成鱼损失较多。这些品种是北京市的主养品种，产量大；也是各种疾病的易感品种。

表1　主要监测品种发生的疾病

监测品种	疾病名称
草鱼	车轮虫病、指环虫病、孢子虫病、锚头鳋病、烂鳃病、细菌性肠炎病、赤皮病、淡水鱼细菌性败血症、烂尾病、草鱼出血病、不明病因疾病、水质恶化引发疾病等
鲤	车轮虫病、指环虫病、孢子虫病、烂鳃病、细菌性肠炎病、淡水鱼细菌性败血症、打印病、鲤春病毒血症等
鲢	烂鳃病、细菌性肠炎病
鲫	烂鳃病、鲫造血器官坏死症等
鲟	水霉病、车轮虫病、烂鳃病、细菌性肠炎病、气泡病等
虹鳟	水霉病、小瓜虫病、细菌性肠炎病、烂鳃病、传染性造血器官坏死病等
观赏鱼	水霉病、打印病、小瓜虫病、车轮虫病、孢子虫病、淡水鱼细菌性败血症、烂鳃病、细菌性肠炎病、竖鳞病、气泡病、鲫造血器官坏死症等

表2　2014年北京市水产养殖主要养殖品种因病损失情况统计

品种	鲤	草鱼	鲢	鳙	鲟	虹鳟	锦鲤	金鱼
苗种（万尾）	36	201	15	15	5.1	5.7	5 000	900
成鱼（吨）	14.7	23	0.6	0.6	28.2	43	0	0

注：本表为不完全统计；未列入怀柔区虹鳟鱼苗种损失量。

表 3　2014 年度北京市水产养殖病害情况评估

水产养殖总面积	池塘（亩）	53 362	流水（平方米）	53 096
	工厂化（平方米）	95 130	水库（亩）	142 000

品种		水产养殖生产总量	因病损失总量
鲤	苗种（万尾）	7 511	36
	成鱼（吨）	3 996	14.7
草鱼	苗种（万尾）	34 369	201
	成鱼（吨）	2 165	23
鲢	苗种（万尾）	6 995	15
	成鱼（吨）	1 394	0.6
鳙	苗种（万尾）	6 995	15
	成鱼（吨）	539	0.6
鲫	苗种（万尾）	12	
	成鱼（吨）	439	0.5
罗非鱼	苗种（万尾）	50	
	成鱼（吨）	660	0.1
青鱼	苗种（万尾）	2.1	
	成鱼（吨）	28	
鲂	苗种（万尾）	1 381	
	成鱼（吨）	230	
鲟	苗种（万尾）	603	5.1
	成鱼（吨）	565	28.2
虹鳟	苗种（万尾）	51	5.7
	成鱼（吨）	340	43
其他食用鱼	苗种（万尾）	3 760	27
	成鱼（吨）	256	3.5
草金鱼	苗种（万尾）	50 000	5.4
	成鱼（吨）	800	
锦鲤	苗种（万尾）	20 000	5 000
	成鱼（吨）	308	
金鱼	苗种（万尾）	20 000	900
	成鱼（吨）	656.56	

　　注：1. 本表中的数据来源于各个区县的上报数字，为不完全统计；2. 怀柔区是北京市虹鳟鱼养殖生产的主要产区，但本表未列入该辖区虹鳟的苗种损失量；3. 怀柔、延庆、丰台、门头沟的数据未列入本表。

（四）结果分析

北京市鱼病总体上呈现出以下特点：①细菌性疾病依然是引起养殖鱼类发病死亡的主要病因；发生普遍，死亡率较高；同时滥用药物现象比较普遍。②寄生虫病由于滥用药物导致耐药性普遍；用药剂量大幅提高但效果不佳，甚至因施药过量导致鱼类死亡。③重大水生动物疫病显现出较大危害，感染发病病例增多。

从发病品种分析，草鱼和鲤的发病率高，易发生多种疾病，其次是鲟和虹鳟的损失量大。从疾病性质分析，细菌病和寄生虫病发生普遍，依然是主要的致病因素，比如小瓜虫病、车轮虫病、细菌性肠炎病、烂鳃病、淡水鱼细菌性败血症等。

2015 年北京市确诊的鱼类病毒性感染病例明显增多，全年确诊的病毒性疾病感染渔场 19 个，几乎均出现了程度不同的死鱼情况。病毒性疾病已经由原来的点状发生逐渐呈现连片发生趋势。如通州小务村连片发生草鱼出血病。通州区的 3 个渔场因使用同一来源的带毒苗种均发生了鲫造血器官坏死症。我们分析造成这种情况最主要原因是带毒苗种的流通。

鱼病防治中的突出问题有以下几个方面。

（1）在寄生虫病防治中滥用药物现象普遍。根据调查，很多养殖户把杀虫药作为一种预防药物，十天半月就使用一次。大部分寄生虫药物都对鱼有一定程度的毒害作用，会严重影响鱼的免疫机能。同时滥用药直接导致了寄生虫的耐药性提高，一旦真正发生寄生虫病，用药剂量被大幅提高但效果依然不理想；经常出现因施药问题导致鱼类死亡，停止用药后死亡率反而下降的情况。

（2）根据我们日常监测病例，细菌性疾病发生率相对较高，如果用药不当，容易引起鱼类死亡。根据我们对 45 个渔场 60 个样品的病原菌分离及敏感药物筛选结果分析，嗜水气单胞菌和温和气单胞菌是目前最常见的两种致病菌，氟苯尼考和恩诺沙星目前是较为敏感的药物。但是针对某个具体渔场，其敏感药物种类及剂量不是一成不变的。如果长时间连续使用某种药物后，这种药物对从该渔场中分离的致病菌的敏感性就会显著下降。

（3）苗种没有经过严格检疫监督，引入了带毒苗种。一旦环境温度适宜，养殖鱼类发生大面积死亡，给养殖户带来了巨大的经济损失。例如通州小务村的草鱼苗种，苗种均来自广西、广东等南方地区。夏天发生了大面积死亡，鱼体出现体表轻微出血、肠道鲜红等外观症状，经过实验室检测后确诊为草鱼出血病。

（4）养殖池塘水质恶化，因为缺水而很少清塘或换水，引起池塘水环境中的各种有毒化学物质增多，环境的不适宜导致鱼类机体免疫力下降。一旦环境条件有较大改变，如降温、升温、施药等，养殖鱼类易发病而死亡。

（5）养殖密度过大。根据我们的调查数据，草、鲤等大宗鱼类的养成池产量约为 1 500～2 500 克/亩，鱼种池的产量为 2 500～3 000 克/亩；观赏鱼的亩放养数量高达 1.2 万～1.5 万尾。面对如此高的养殖密度，不可避免地会引起鱼类发生各种疾病。

（五）防控工作

1. 指导养殖户科学用药

2014 年 4—10 月，市推广站在通州、顺义、朝阳、怀柔、密云、房山等区县的 45 个渔场进行了鱼病诊疗工作，涉及品种有草鱼、鲤、鲫、观赏鱼（金鱼、锦鲤）、虹鳟和鲟等。技术人员利用 API 鉴定技术、药敏试验技术等方法，开展主要致病菌的分离与药物敏感性监测，初步掌握了北京市养殖鱼类主要病原菌种类和细菌性病源的药物敏感性情况。规范渔药使用，提高精准用药水平，减少滥用抗生素。

与主要病原菌药物敏感性监测工作相结合，开展了常用药物的有效性评价实验。购买了市售的常见水产用消毒药品，如二氧化氯、漂白粉、聚络维酮碘等，共计 20 余种。在实验室内，按照说明使用剂量，施用到养殖水中，通过测定消毒前后水中菌落总数，比较分析消毒效果。实验结果显示市售消毒产品的质量良莠不齐，有些产品几乎没有任何消毒作用。该实验结果对指导渔民用药将起到有效的辅助作用。

2. 实验室能力建设工作

（1）实验室硬件建设

市推广站新建水生动物疫病检测实验室（位于北京经济技术开发区汇龙森产业科技园区），建筑面积 800 平方米，根据办公区 - 准备区 - 实验区三者分离的原则，将实验区分为病毒和细胞室、细菌室、免疫和组织病理室（包括离心机房）、分子生物学室、毒种库（冷库），准备区分为准备间和样品前处理室。

2014 年采购实验设备 55 类，共计 75 台（套），其中进口设备 20 余台（套），包括了荧光 PCR 仪、酶标仪、组织切片及染色系统等。这些设备有助于实验室检测技术水平的提高。

（2）参加农业部组织的实验室检测能力测试项目 4 个（分别是鲤春病毒血症、传染性造血器官坏死病、草鱼出血病和锦鲤疱疹病毒病），以及国家认监委组织的病毒性出血性败血症（VHS）能力验证，结果满意，全部获得通过（图 4 和图 5）。

图 4　实验人员在做药物筛选实验

图5 技术人员监测亲鱼

3. 无规定疫病场试点建设

2014年市推广站在渔业局和全国总站指导下，在通州鑫淼水产公司试点建设无规定疫病场，主要针对2种重大水生动物疫病，即鲤春病毒血症和锦鲤疱疹病毒病。具体内容详见后述部分。

4. 开展了投喂免疫增强剂防治草鱼疾病的实验

技术人员购买了专家推荐的进口和国产的酵母提取物，委托饲料厂加工饲料，在顺义区设置了3个草鱼试验点，分组投喂后，发现草鱼抗病力提高、生长快速。

5. 开展了中草药防治观赏鱼病的实验

在前期工作基础上，实验人员使用6个中草药方剂，选取常见的观赏鱼病原菌（嗜水气单胞菌、温和气单胞菌、腐败西瓦氏菌）开展药敏试验，筛选出成本低廉、安全有效的药方。在房山、大兴、通州、顺义的8个观赏鱼田间工作站推广使用，发放中草药950千克，推广使用面积1 000亩（图6）。

图6 技术人员在通州区发放中草药

6. 依托项目，提升研发与科研能力

冷水鱼重大疫病防治技术是个难题，多年来一直难以解决。在多个项目的共同支持下，项目组在冷水鱼病毒病快速检测技术、鲟鱼高温抗病机理、疫苗制备等方面进行了研发工作。

7. 加强交流，开展培训

2014 年，市推广站开展了各类技术培训和技术交流活动（图 7）。①2014 年 5 月，承办了全国水生动物官方兽医师资培训，提高现有从事水生动物检疫人员的技术能力，培训 100 人次。②2014 年 6 月，召开水产养殖病害诊断和科学用药防控技术培训，指导科学用药，培训 80 人次。③派出技术人员，与辽宁水产站、陕西水产站、青海渔业环境监测站等单位技术人员开展技术交流。④2014 年 5 月，为各区县鱼病监测人员进行监测数据整理分析培训会，培训 40 人次。

图 7　开展各类培训活动

8. 提高学术水平

在国内外期刊上发表学术论文 5 篇，编写了北京市观赏鱼和鲑鳟鱼鱼病诊断防控技术资料。

（六）存在的主要问题

1. 水产苗种流通过程中缺少有效监管

苗种流通中缺少检疫监督等有效监管措施，给水产病害，特别是重大水生动物疫病的发生带来了风险。2014 年北京市共发现 5 种重大水生动物疫病（SVC，IHN，CCHN，GCHD，BKD），其中 4 种出现了发病死亡情况。分析原因，主要是因为引入苗种时缺乏必要的检测检疫监督。

2. 区县水生动物防疫实验室没有完全运行

目前北京市区县级实验室缺少专项监测经费，人员少而工作量大，缺少工作积极性，导致区县实验室的运行不能完全达到规划设计目标。这些问题导致区县与市级实验室的工作能力达不到现有水生动物防疫工作需求。

（七）下一步工作重点

1. 继续开展常规疾病、重大疫病监测工作

鱼病监测是鱼病预防、控制的基础性工作。通过病害监测，能够了解掌握疾病发生和流行规律，总结筛选出有效预防控制方法，做到科学防治，保障水产品食用安全。

2. 定期监测主要致病菌及其药物敏感性变化，指导科学用药

经过几年来的主要致病菌及其药物敏感性监测，我们发现这种监测方式针对性强、科学合理，是做好日常监测工作和鱼病防治工作的有力技术支撑，因此将继续做好这项工作，并努力提高其时效性。

3. 提高科研水平

在冷水鱼病防控、观赏鱼病防控等领域提高科技含量，加强技术研发和试验。

二、2005—2014 年水生动物重大疫病监测

北京市自 2005 年开始承担农业部下达的国家水生动物疫病监测任务。至 2014 年鲤春病毒血症（SVC）的监测工作连续实施了 10 年。2014 年除了 SVC 外，又增加了传染性造血器官坏死病（IHN）和锦鲤疱疹病毒病（KHVD）的监测任务。

（一）2005—2014 年鲤春病毒血症监测

1. 背景

鲤春病毒血症（Spring Viremia of Carp，SVC）是一种由鲤春病毒血症病毒（SVCV）引起的病毒病，是鲤科鱼类一种急性出血性并伴有高度传染性的流行病，一旦感染或发病，具有很高的致死率。该病已经被列为我国一类动物疫病。SVC 通常在春季水温为 10~20℃时流行，并造成鲤幼鱼和成鱼的大量死亡。该病很长一段时间以来只分布于冬季低水温的欧洲大陆，曾在大多数欧洲国家和苏联的白俄罗斯、格鲁吉亚、立陶宛、摩尔多瓦、俄罗斯和乌克兰等地发生。1998 年，英国 OIE 参考实验室从北京出口的观赏鱼中检测并分离出 SVCV。2004 年，江苏省新沂市暴发 SVC 疫情之后，我国在养殖的鲤中多次检出 SVCV。

食用鲤科鱼类和观赏鱼（锦鲤、金鱼）是 SVC 的易感品种，也是北京市水产养殖的主养品种，养殖面积大。根据农业部渔业局和全国水产技术推广总站的部署，北京市从 2005 年开始对全市鲤科鱼类养殖场和观赏鱼养殖场进行了连续 10 年的监测，现将 10 年的监测结果汇总分析，探究疾病流行规律，为全市 SVC 防控工作提供技术支撑。

2. 实施情况

（1）工作部署

北京市水产技术推广站接受上级单位委托，根据国家下达的 SVC 监测任务，每年年初制定 SVC 等重大水生动物疫病精准监测方案。方案确立监测对象、监测品种、抽

样时间，抽样数量，组织实施主体等。3 月份市推广站召开全市水生动物疫病监测工作部署会，给各区县布置全年的抽样计划，包括监测疾病的种类、抽样品种和抽样数量。

SVC 监测样品，由各区县派专人负责抽样，并按时送全市推广站水生动物疾病检测技术中心。送样要求：每个样品（即每个被抽检渔场）包含鱼的数量不低于 150 尾，尽量选择有症状的鱼送检，活体运输。各区县抽样送检人员认真填写抽样单并签字。部分监测样品，由市推广站技术人员直接到渔场抽样。

（2）监测任务

2005—2008 年北京市承担的 SVC 监测任务是 80 个/年，2009 年的任务是 50 个/年，2010—2014 年的任务是 25 个/年。除 2006 年数据不完整外，其余年度都超额完成农业部下达的 SVC 监测任务。

（3）监测点类型

国家级原良种场 1 个即鑫淼水产总公司。其余均为观赏鱼养殖场和成鱼养殖场。观赏鱼养殖场的数量为 62 个，占比 39.74%；成鱼养殖场的数量为 93 个，占比 59.62%。

（4）监测数量

每年度的 SVC 监测数量见表 4。10 年监测数量合计为 795 个。

表 4　SVC 的年度监测数量

年度（年）	2005	2006	2007	2008	2009	2010	2011	2012	2013	2014
数量（个）	84	69	89	92	51	200	95	37	27	51

（5）监测时间与水温

SVC 监测多集中在春季开展，即每年的 4—5 月份。秋季监测的时间在 10—11 月份。监测水温 10～15 ℃。

（6）监测点分布

监测点主要分布在通州、朝阳、大兴、房山、顺义、海淀、平谷、延庆、密云 9 个区县，通州区张家湾镇、唐大庄村、西永和屯村；朝阳区黑庄户乡；顺义区李遂镇等乡镇 57 个。

（7）监测品种

监测品种主要为食用鲤科鱼类和观赏鱼（锦鲤、金鱼）。各个品种的年监测样品数量见表 5（2005—2006 年数据不详）。

表 5　各监测品种的样品数量（个）

年份	金鱼	草金鱼	锦鲤	鲤	草鱼	其他品种
2007	12	26	8	19	13	11
2008	37	20	6	23	6	
2009	14		14	23		

续表

年份	金鱼	草金鱼	锦鲤	鲤	草鱼	其他品种
2010	8	75	28	89		
2011	8	37	15	35		·
2012	4	13	8	12		
2013	5	6	11	5		
2014	6	16	28			1

3. 监测结果

（1）阳性样品数量与品种

北京市共发现 SVCV 阳性样品 29 个。2005 年监测样品总份数 84 个，发现 1 个阳性，阳性检出率 1.2%；2006 年监测样品总份数 69 个，发现 1 个阳性，阳性检出率 1.4%；2007 年监测样品总份数 89 个，发现 9 个阳性，阳性检出率 10.1%；2008 年监测样品总份数 92 个，发现 2 个阳性，阳性检出率 2.17%；2009 年监测样品总份数 51 个，未发现阳性；2010 年监测样品总份数 200 个，发现 9 个阳性，阳性检出率 4.5%；2011 年监测样品总份数 95 个，发现 5 个阳性，阳性检出率 5.3%；2012 年监测样品总份数 37 个，未发现阳性；2013 年监测样品总份数 27 个，发现 1 个阳性，阳性检出率 3.7%；2014 年监测样品总份数 51 个，发现 1 个阳性，阳性检出率 1.96%。

阳性样品中金鱼 7 个，锦鲤 7 个，草金鱼 12 个，鲤 2 个，草鱼 2 个。阳性渔场主要分布在北京东部、东南部地区，为通州、顺义、大兴、朝阳等区县，见图 8。

（2）发病与经济损失情况

10 年间北京市从未发生过一起因 SVCV 感染而导致养殖品种大量死亡的情况，也没有因此病而产生经济损失。分析其原因，极有可能是因为北京地区养殖的鱼类和病毒尚未完全适应。

（3）历年阳性样品处理情况

一旦检测到 SVCV 阳性，市推广站立即将监测结果及时上报到北京市农业局。联合有关部门，一同对阳性渔场进行了现场调查，溯源苗种来源、死亡情况、销售情况等，对疾病扩散传播进行风险分析。同时还约谈阳性渔场负责人，配合渔场进行消毒；对源头养殖场相关品种进行抽样检测；对外围鲤科鱼类养殖场密切监测。

（4）开展流行病学调查情况

每年只要发现某渔场出现了 SVCV 阳性，市推广站都会立即组织专家和技术人员赶赴现场，进行流行病调查。

2010 年春季北京市 SVCV 阳性样品率达到了历史高位（阳性样品数量 9 个），市推广站将情况及时报告给了上级主管部门，并组织了流行病学调查。调查组分别到通州、朝阳、顺义区观赏鱼养殖场开展水生动物重大疫病流行病学调查工作（图 9）。通过详细询问及现场检查，项目组了解了阳性渔场的养殖品种、规模、苗种来源、销售、疾

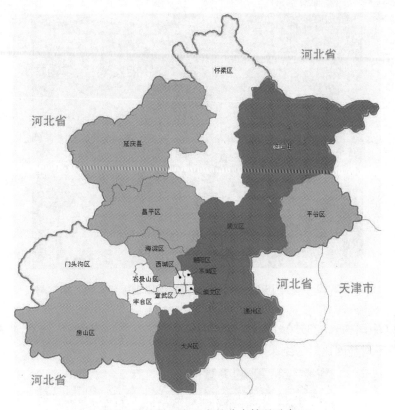

图 8　阳性样品在北京的分布情况示意

病发生等情况。经过调查发现存在以下主要问题：苗种管理不规范，苗种产地检疫工作缺位；各渔场间苗种交叉使用现象常见。各个渔场的苗种常常交叉在一起混养，一旦出现问题，无法溯源。

　　通过调查，我们掌握了 SVC 流行的主要问题，并对检测结果呈阳性的渔场采取了以下措施：①项目组向涉及阳性的当地水产技术主管部门通报了相关的检测结果，并多次座谈，商讨防控工作。同时要求各区县水产技术推广部门组织并采取消毒措施，对池塘水、渔具等实施了消毒处理，消毒所需的药品由市推广站统一配发。②对当年得到的 8 株阳性病毒，以及往年获得的阳性毒株进行了 DNA 测序，对测序结果进行分析和比较，以发现病毒来源和变异情况。③要求各区县水产技术推广部门要严密观测辖区内的阳性渔场，以及其周边渔场的情况，一旦出现不明原因的死鱼，应及时上报。④要求各渔场建立水产苗种管理档案，对引入的亲鱼和鱼苗、售出的苗种进行备案，以便再出现问题时能够对苗种溯源，开展流行病学调查。⑤开展鲤春病防控技术培训。

　　（5）阳性样品的 PCR 测序结果分析

　　市推广站水生动物疾病检测中心成立于 2007 年。自成立以来，市推广站开始承担北京市的 SVC 检测任务。2011 年年底对 17 株 SVCV 的阳性分离株经 PCR 扩增后，产物全部送到上海测序，同时选取了在 NCBI 上发表的序列 DQ227504（美国株）、

图9　2010年5月18日，在通州区鑫淼渔场进行SVC流行病学调查

AY842489（中国株）、Z37505（欧洲标准株）的 G 蛋白基因序列，用生物软件 DNA-man 进行多序列基因比对。结果见图10。

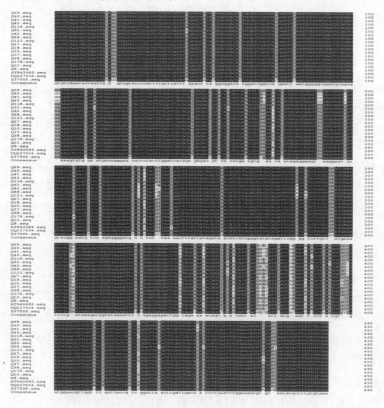

图10　17株 SVCV G 蛋白基因序列比对

(6) 亲缘关系分析

选取了 DQ227504 (美国株)、AY842489 (中国株)、Z37505 (欧洲标准株)、EU370915、FN178474、U18101、AJ318079、AJ538062 以及分离到 17 株进行了亲缘关系分析,以推测毒株的来源。采用 IHNV 的 G 蛋白做外源基因,使用软件 MEGA4.0 进行分析。其中可以看出欧洲株 Z37505、FN178474、U18101、AJ318079、AJ538062 聚为一类;样品 116、67、37、9、69、38、178 与美国株 DQ227504 聚为一类,样品 40、41、43、53、18、25 与中国株 AY842489、EU370915 聚为一类,样品 42、82、68、123 聚为一类,这些又共同聚为一个大类,聚为一类的可认为其来源相同。中国株与美国株亲缘关系很近,很可能是同一株;中国株与欧洲株亲缘关系较远,认为是两个不同的毒株。

(二) 传染性造血器官坏死病监测

传染性造血器官坏死病共设立监测点 16 个,有 4 个渔场是北京市级苗种场,也是北京市最大的和最主要的鲑鳟鱼苗种生产场,其中 3 家在怀柔区,1 家在延庆县。其余场也有苗种生产,但规模较小,主要是商品鱼养殖。

2014 年承担传染性造血器官坏死病监测任务样品数量为 30 个,实际完成监测样品数量 34 个。样品共来自 5 个区县的 16 个渔场,怀柔区是 12 个渔场 28 个样品;房山区 1 个渔场 2 个样品;延庆县 1 个渔场 2 个样品;密云县 1 个渔场 1 个样品;通州区 1 个渔场 1 个样品。怀柔区是北京市主要鲑鳟鱼产区,抽样重点集中在怀柔区的怀沙河和怀九河流域。

抽样渔场主要分布在山区,养殖用水是山泉水,养殖方式主要采用流水养殖。

抽样时间主要集中在 1—4 月,该月份是苗种主要繁育期。

抽样水温主要为 8 ~ 12℃,个别为 5℃和 15 ℃。

抽样品种主要是虹鳟 (27 份),其次是金鳟 (2 份),大鳞大麻哈 (1 份),七彩鲑 (1 份),白点鲑 (1 份),草鱼、鲤 (2 份)。

存在的问题:根据监测要求,没有临床症状的样品采集 150 尾,有临床症状的样品采集 5 ~ 10 尾。我们根据这一要求进行采样,但部分样品有临床症状,却并未检测到 IHNV,而是检测到杀鲑气单胞菌、腐生葡萄球菌、传染性胰脏坏死病毒等。由于上述病原也能引起与 IHNV 感染相似的症状,因此看来对于有临床症状的鱼也应采集 150 尾,以避免漏检。

2014 年,抽检 16 个渔场 34 份样品,在所发现的阳性渔场均出现鲑鳟鱼程度不同的发病死亡情况。经过统计,鲑鳟鱼成鱼因病损失 43 吨,经济价值约 130 万元;有 3 家苗种场正常年份可以出售虹鳟鱼卵 1 000 万 ~ 2 000 万粒,目前因病仅能达到往年正常销售量的 10% ~ 20% 。

对于阳性苗种场,我们采取加强监测的处理方式,每个苗种场最少在不同时间段抽 2 次以上样品,加强监测力度。

经过流行病学调查,苗种场的阳性主要是由于使用本场繁育的亲鱼,而亲鱼带毒

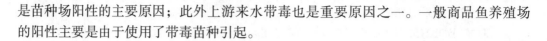

是苗种场阳性的主要原因；此外上游来水带毒也是重要原因之一。一般商品鱼养殖场的阳性主要是由于使用了带毒苗种引起。

（三）锦鲤疱疹病毒病

2014年承担锦鲤疱疹病毒病监测任务样品数量为20个，实际完成监测样品数量20个。共设立监测点17家，其中成鱼养殖场2家，观赏鱼养殖场15家。观赏鱼养殖场中北京市鑫淼水产总公司是国家级锦鲤良种场、观赏鱼出口养殖基地及出口中转包装场，是北京市最大的和最主要的锦鲤苗种生产场；此外，还有3家中等规模观赏鱼养殖场也有苗种生产。

抽检样品来自北京5个区县的17家渔场，其中顺义区8家渔场8个样品；通州区4家渔场5个样品；房山2家渔场3个样品；平谷区2家渔场2个样品；大兴区1家渔场2个样品。

抽样涉及锦鲤和鲤两个品种，其中锦鲤样品18个，鲤样品2个。抽样规格主要集中在5~10厘米，2个样品的抽样规格达到10~15厘米。抽样时间主要集中在6—8月，抽样水温介于25~28℃之间。

2014年锦鲤疱疹病毒病监测的所有样品检测结果均为阴性。

三、2014年养殖鱼类病原菌及其药物药敏性

（一）材料方法

1. 材料

（1）样品来源

全市发病的养殖鱼类，包括鲤、锦鲤、鲫、金鱼、草鱼、鲟、虹鳟等。

（2）仪器和试剂

超低温冰箱（MDF-382，日本SANYO公司），生化培养箱（LRH-150B，上海一恒公司）、细菌浊度计（WGZ-2-X，上海昕瑞仪器仪表有限公司）、PCR仪（Mastercycle Gradient，德国Eppendorf公司）、电泳仪（DYY-6C，北京六一仪器厂）、凝胶成像系统（IS-3400，Alpha Innotech公司）。

营养琼脂、大豆酪蛋白琼脂、Mulluer-Hinton肉汤（MHB）、Mulluer-Hinton琼脂（MHA）、寡营养琼脂、脑心浸液肉汤培养基（BHI）和脑心浸液琼脂（BHIA）购于北京陆桥技术有限责任公司，血琼脂购于北京威泰科生物技术有限公司，药敏纸片购于杭州诺森德生物技术公司，抗菌药物购于美国Sigma公司。

2. 方法

（1）病原菌分离方法

将病鱼置于灭菌解剖盘中，用浓度为75%的酒精棉球擦拭鱼体。如果鱼体表有红肿、溃疡等病灶，用浓度为75%的酒精棉球蘸擦病灶，然后用灭菌解剖刀沿病灶边缘

靠近新鲜组织约 1 毫米处切开，切面即为取样部位。如鱼体表无异常，用灭菌剪刀在肛门前约 5 毫米处横向剪透腹腔，然后从开口处向上沿测线下缘剪至鳃盖下缘，再向下剪，过腹部至另一侧的鳃盖下缘，将剪开的一侧翻开，露出内脏。剪切过程中，剪刀头向外，防止剪破组织，尤其肠道，避免杂菌污染。

（2）病原菌鉴定方法

病原菌鉴定主要采用 API 鉴定系统，辅助采用 PCR 鉴定方法。

（3）药物敏感性检测方法

① 纸片扩散法。

药敏检测借鉴美国临床实验室标准委员会制定的《抗微生物药物敏感性试验执行标准（2010 年）》，采用其中的纸片扩散法（定性法）。修改或自定了部分参数，如培养温度调整为 28℃，抗菌药物调整为国家许可的水产养殖上使用的抗菌药物；依同类药物的敏感线，自定标准内没有的抗菌药物的敏感线。纸片扩散法使用的抗菌药物及浓度见表 6。操作方法如下：

菌悬液制备　取一个灭菌的干净试管，加 2.5 毫升浓度为 0.45% 的生理盐水，用一次性吸管取单菌落至生理盐水中，充分混匀，制成 0.5 麦氏浊度菌悬液，备用。

操作步骤　用微量移液器取 100 微升制备的菌悬液至 MHA 培养基上；用玻璃涂布器蘸取浓度为 95% 的酒精，灼烧一下，稍冷后，将菌液涂匀；约 15 分钟后贴药敏纸片，每个培养皿贴 4 个，均匀粘贴；将贴药敏纸片的培养基倒置于 28℃ 生化培养箱培养 24 小时。

结果判断　用游标卡尺测量每种药物对病原菌的抑菌圈直径，对照表 6 结果判断是否为病原菌对抗菌药物的敏感性。

表 6　纸片扩散法使用抗菌药物及界定的敏感线

药物类别	药物种类	简称	药敏纸片浓度（微克/片）	判断标准（毫米）			备注
				耐药	中介	敏感	
磺胺类	磺胺甲噁唑	磺	300	≤12	13～16	≥17	国标渔药
	甲氧苄啶	T	5	≤10	11～15	≥16	国标渔药
四环素	四环素	四	30	≤14	15～18	≥19	渔药手册
	强力霉素	强	30	≤12	13～15	≥16	国标渔药
酰胺醇类	氟苯尼考	尼	75	≤12	13～17	≥18	国标渔药
氟喹诺酮类	奥复星	奥	5	≤12	13～15	≥16	渔药手册
	左氟沙星	左	5	≤13	14～16	≥17	渔药手册
	诺氟沙星	氟	10	≤12	13～16	≥17	国标渔药
	恩诺沙星	恩	5	≤16	17～19	≥20	国标渔药

② 药物敏感性检测的浓度梯度稀释法。

药敏检测借鉴美国临床实验室标准委员会制定的《抗微生物药物敏感性试验执行

标准（2010年）》，采用其中的浓度梯度稀释法（定量法），修改或自定了部分参数，如培养温度调整为28℃，抗菌药物调整为国家许可的水产养殖上使用的抗菌药物；依同类药物的敏感线，自定标准内没有的抗菌药物的敏感线。浓度梯度稀释法使用的抗菌药物见表8。操作方法如下：

菌悬液制备　取一个灭菌的干净试管，加5毫升浓度为0.45%的生理盐水，用一次性吸管取单菌落至生理盐水中，充分混匀，制成0.5麦氏浊度菌悬液，备用。

抗菌药物母液制备　将不同种类的抗生药物用相应的溶剂溶解，溶解后用蒸馏水稀释至配制浓度（表7）。然后用0.22微米孔径的一次性过滤器过滤后，分装于无菌容器内，备用。在4℃的冰箱内可保存7天，放于−80℃的冰箱内可保存30天。

操作步骤　取13个试管，其中1个加MHB培养基5毫升，其余12支试管各加MHB培养基2.9毫升，盖好塞子后，高压灭菌，冷却。取抗菌药物（氟喹诺酮类、氨基糖苷类、四环素类和酰胺醇类）的母液500微升于5毫升MHB培养基的试管中，混匀；取2.9毫升至一支含2.9毫升MHB培养基的试管中，混匀；再取2.9毫升至另一支含2.9毫升MHB培养基的试管中，混匀；以此类推，加至最后一支含2.9毫升MHB培养基的试管时，混匀后，取2.9毫升培养基，弃去。此时，12支2.9毫升培养基的试管药物浓度为128微克/毫升、64微克/毫升、……、0.125微克/毫升、0.0625微克/毫升。对于磺胺类药物，方法同上，做10支管，药物浓度为1 024微克/毫升、512微克/毫升、……、4微克/毫升、2微克/毫升。在上述药物浓度梯度的试管中，各加100微升菌悬液。并在同样的药物浓度梯度中各加100微升无菌蒸馏水作为对照。将处理的试管置于适宜温度（通常28℃）的振荡培养箱中培养48小时。

表7　水产用抗菌药物的母液制备方法

药物类别	药名	溶剂	稀释液	母液浓度（微克/毫升）
磺胺类	磺胺甲噁唑	1摩尔/升 NaOH	蒸馏水	20 480
	磺胺二甲氧苄啶	1摩尔/升 NaOH	蒸馏水	20 480
	磺胺间甲氧苄啶	1摩尔/升 NaOH	蒸馏水	20 480
	磺胺嘧啶	1摩尔/升 NaOH	蒸馏水	20 480
氟喹诺酮类	诺氟沙星	1摩尔/升 NaOH	蒸馏水	2 560
	恩诺沙星	1摩尔/升 NaOH	蒸馏水	2 560
氨基糖苷类	新霉素	蒸馏水	蒸馏水	2 560
四环素类	盐酸多西环素	水	蒸馏水	2 560
	土霉素	1摩尔/升稀盐酸（易降解，现配现用）	蒸馏水	2 560
	盐酸四环素	水（易降解，现配现用）	蒸馏水	2 560
酰胺醇类	氟苯尼考	甲醇	蒸馏水	2 560
	甲砜霉素	甲醇	蒸馏水	2 560

表8 浓度梯度法使用的抗菌药物及界定的敏感线

药物类别	药名	判断标准（微克/毫升）		备注
		敏感	耐药	
磺胺类	磺胺甲噁唑	100	350	国标渔药
	磺胺二甲氧苄啶	100	350	国标渔药
	磺胺间甲氧苄啶	100	350	国标渔药
	磺胺嘧啶	100	350	国标渔药
氟喹诺酮类	诺氟沙星	4	16	国标渔药
	恩诺沙星	2	8	国标渔药
氨基糖苷类	硫酸新霉素	4	8	国标渔药
四环素类	盐酸多西环素	4	16	国标渔药
	土霉素	8	32	渔药手册
	盐酸四环素	4	16	渔药手册
酰胺醇类	氟苯尼考	4	16	国标渔药
	甲砜霉素	8	32	国标渔药

结果记录 将加菌的药物浓度梯度管与对应的未加菌的药物浓度梯度管比较，肉眼观察试管中培养基变浑浊，即为未抑制菌生长，反之，为抑制菌生长。将抑制菌生长的试管中药物浓度最低的值作为最小抑菌浓度（MIC），记录为该药物抑制检测菌的 MIC 值。其他菌和其他抗菌药物的监测方法类同。

数据统计方法 纸片扩散法敏感率 =（敏感的菌株数/总检测菌株数）×100%，浓度梯度稀释法的敏感率 =（不高于耐药 MIC 值的菌株数/总检测菌株数）×100%，按表8 界定敏感或耐药，加权平均 MIC = $\sum$（菌株数×对应的 MIC 值）/菌株总数。

（二）结果

1. 病原菌种类及组成

2014 年共从北京地区发病的养殖鱼类分离出病原菌143 株，134 株鉴定出种类，隶属于16 个种（属）。病原菌中以气单胞菌属菌最多，占66.42%，遍及所有区县的所有养殖鱼类。其次是霍乱弧菌、类志贺邻单胞菌、链球菌、不动杆菌和腐败希瓦氏菌，主要来源于鲟和金鱼。详见表9。

表9 2014年北京地区主要养殖鱼类病原菌

序号	病原菌中文名	病原菌拉丁名	流行温度（℃）	分离株数（个）	来源地区	养殖品种来源
1	温和气单胞菌	*Aeromonas sobria*	15~28	44	所有区县	鲤、草鱼、锦鲤、金鱼、鲫、鲟、虹鳟等
2	嗜水气单胞菌	*Aeromonas hydrophila*	12~29	33	所有区县	鲤、草鱼、锦鲤、金鱼、鲫、鲟、虹鳟等
3	杀鲑气单胞菌杀鲑亚种	*Aeromonas salmonicida spp salmonicida*	15~20	12	怀柔、通州、顺义	虹鳟、白点鲑、金鱼
4	类志贺邻单胞菌	*Ple. shigelloides*	21~28	5	通州、顺义	锦鲤、鲫、草鱼
5	霍乱弧菌	*Vibiro chelerae*	19~26	13	通州、天津	鲤、草鱼、金鱼
6	不动杆菌	*Acinetobacter sp.*	11~26	3	通州、密云	虹鳟、草鱼、鲟
7	葡萄球菌	*Staphylococcus sp.*	11~26	5	密云、顺义、通州	硬头鳟、草鱼
8	腐败希瓦氏菌	*She. putrefacens*	23	2	怀柔、顺义	七彩鲑、鲤
9	链球菌	*Streptococcus sp.*	—	2	密云	鲟
10	嗜麦芽窄食单胞菌	*Stenotrophomonas maltophilia*	15~27	3	怀柔、顺义	七彩鲑、草鱼、鲤
11	鞘氨醇单胞菌	*Sphingomonas sp.*	20~22	2	顺义、密云	草鱼、鲟
12	泛菌属某种	*Pantoea sp.*	15~27	3	通州、顺义	锦鲤、草鱼
13	假单胞菌	*Pseudomonas sp.*	—	1	密云	鲟
14	巴斯德菌	*Pasteurella sp.*	22	2	通州、顺义	草鱼
15	微杆菌	*Microbacterium sp.*	21	2	通州、密云	草鱼、鲟
16	纤维化纤维微细菌	*Cellulosimicrobium sp.*	15~26	2	通州、密云	虹鳟、草鱼
17	其他	—	12~26	9	通州、顺义、怀柔、平谷、密云	虹鳟、鲟鱼、草鱼、鲤、金鱼
	合计			143		

2. 病原菌药物敏感性情况

（1）病原菌耐药性总体特征

采用纸片扩散法检测的病原菌药物敏感性结果：总体上，北京市鱼类病原菌对氟喹诺酮类药物（诺氟沙星和恩诺沙星）和强力霉素的敏感率在90%左右，对氟苯尼考和四环素的敏感率在80%上下，对两种磺胺类药物（磺胺异噁唑和甲氧苄啶）的敏感率在25%左右。详见表10。从病原菌的来源养殖对象看，不同养殖对象的病原菌对抗菌药物的敏感性有所不同，如冷水鱼病原菌对强力霉素最为敏感，随后是恩诺沙星、诺氟沙星和氟苯尼考，而温和食用鱼和观赏鱼的病原菌最敏感药物为恩诺沙星和诺氟沙星，随后是氟苯尼考和强力霉素。详见表11。

　　浓度梯度稀释法检测的病原菌药物敏感性结果：总体上，单独使用的磺胺类药物（磺胺甲噁唑、磺胺间甲氧苄啶、磺胺嘧啶和磺胺二甲氧苄啶）对所有病原菌菌株的最小抑菌浓度（MIC）均超过 512 微克/毫升，即磺胺类药物的体外杀菌效果极差，以下将不再叙述。80% 以上的分离株对恩诺沙星、盐酸多西环素、氟苯尼考和盐酸四环素敏感，加权平均 MIC 分别为 3.02 微克/毫升、4.43 微克/毫升、17.52 微克/毫升和 13.66 微克/毫升；70% 以上的分离株对诺氟沙星和甲砜霉素敏感，加权平均 MIC 分别为 13.89 微克/毫升和 34.83 微克/毫升；土霉素和硫酸新霉素在耐药浓度线以下对分离菌株的敏感率较低，分别为 65.29% 和 27.27%，加权平均 MIC 为 33.77 微克/毫升和 15.71 微克/毫升。不同药物对病原菌菌株的 MIC 分布情况及分离菌株的敏感率见表 12。

表 10　鱼类病原菌对抗菌药物的敏感百分率（纸片扩散法,%）

菌株种类（菌株数）	磺	T	四	强	尼	奥	左	氟	恩
嗜水气单胞菌（27）	11.1	22.2	74.1	85.2	81.5	92.6	96.3	92.6	88.9
温和气单胞菌（40）	22.5	27.5	82.5	87.5	97.5	92.5	97.5	95.0	92.5
杀鲑气单胞菌（10）	80.0	20.0	100	100	80.0	100	100	100	100
类志贺邻单胞菌（4）	25.0	25.0	25.0	50.0	25.0	50.0	50.0	75.0	50.0
弧菌（6）	33.3	50.0	100	100	33.3	83.3	100	100	100
其他（33）	18.8	25.0	75.0	93.8	68.8	93.8	96.9	78.1	100
总菌株（120）	24.2	25.8	78.3	88.3	82.5	90.8	95.0	89.2	92.5

表 11　不同养殖种类的病原菌对抗菌药物的敏感百分率（纸片扩散法,%）

养殖种类（菌株数）	磺	T	四	强	尼	奥	左	氟	恩
温水食用鱼（65）	16.9	30.8	83.1	89.2	86.2	87.7	96.9	93.8	93.8
观赏鱼（28）	28.6	21.4	71.4	78.6	85.7	96.4	96.4	92.9	92.9
冷水鱼（27）	37.0	18.5	74.1	96.3	70.4	92.6	88.9	74.1	88.9

表 12　不同抗菌药物对鱼类病原菌的最小抑菌浓度分布（$n = 121$）

药物名称	加权平均 MIC	敏感率（%）	MIC 值（微克/毫升）								
			0.5	1	2	4	8	16	32	64	128
诺氟沙星	13.89	76.86	31	17	18	15	12	9	6	7	6
恩诺沙星	3.02	89.26	77	15	12	4	4	4	3	2	0
硫酸新霉素	15.71	27.27	7	6	10	10	23	29	30	1	5
盐酸多西环素	4.43	86.78	25	45	23	8	4	9	6	0	1
土霉素	33.77	65.29	1	4	3	21	27	23	13	8	21

药物名称	加权平均 MIC	敏感率（%）	MIC 值（微克/毫升）								
			0.5	1	2	4	8	16	32	64	128
盐酸四环素	13.66	80.17	16	43	27	7	4	5	8	2	9
氟苯尼考	17.52	81.82	17	54	19	5	4	2	5	1	14
甲砜霉素	34.83	72.73	3	3	35	23	20	4	3	1	29

（2）不同病原菌种类的药物敏感性

嗜水气单胞菌对诺氟沙星、恩诺沙星、强力霉素和氟苯尼考的敏感率较高，均超过80%，温和气单胞菌对除磺胺类药物外的其他试验药物的敏感率均在80%以上，杀鲑气单胞菌对除甲氧苄啶外所有抗菌药物敏感率均在80%以上。类志贺邻单胞菌最敏感药物为诺氟沙星，敏感率为75%。弧菌对四环素、强力霉素、氟苯尼考、诺氟沙星和恩诺沙星的敏感率较高，均超过80%（表10）。

从药物的敏感浓度看，嗜水气单胞菌的较敏感药物为恩诺沙星、诺氟沙星、氟苯尼考和盐酸多西环素，加权平均MIC分别为6.65微克/毫升、19.18微克/毫升、26.53微克/毫升和5.08微克/毫升（表13）。温和气单胞菌对除硫酸新霉素外的其他检测药物均较敏感，敏感率都在78%以上，加权平均MIC最低的是恩诺沙星和盐酸多西环素，分别为1.59微克/毫升和2.73微克/毫升（表14）。杀鲑气单胞菌的较敏感药物为恩诺沙星、盐酸多西环素、盐酸四环素、诺氟沙星和氟苯尼考，对应的加权平均MIC依次为0.67微克/毫升、1.88微克/毫升、2.88微克/毫升、4.79微克/毫升和22.46微克/毫升（表15）。其他病原菌的较敏感药物为恩诺沙星、盐酸多西环素、盐酸四环素和氟苯尼考，敏感率均在70%以上，对应的加权MIC依次为2.45微克/毫升、6.54微克/毫升、14.11微克/毫升和21.21微克/毫升（表16）。

表13 不同抗菌药物对嗜水气单胞菌的最小抑菌浓度分布（$n=30$）

药物名称	加权平均 MIC	敏感率（%）	MIC 值（微克/毫升）								
			0.5	1	2	4	8	16	32	64	128
诺氟沙星	19.18	80.00	15	2	1	3	3	0	1	2	3
恩诺沙星	6.65	83.33	19	2	2	2	0	2	1	2	0
硫酸新霉素	17.73	13.33	0	0	2	2	7	9	8	1	1
盐酸多西环素	5.08	76.67	1	18	1	1	2	4	3	0	0
土霉素	49.47	46.67	0	0	0	7	4	3	6	0	10
盐酸四环素	24.28	66.67	1	14	5	0	0	4	2	4
氟苯尼考	26.53	80.00	2	17	5	0	0	0	0	0	6
甲砜霉素	38.47	73.33	0	0	3	7	12	0	0	0	8

表 14 不同抗菌药物对温和气单胞菌的最小抑菌浓度分布 (n = 41)

药物名称	加权平均 MIC	敏感率 (%)	MIC 值（微克/毫升）								
			0.5	1	2	4	8	16	32	64	128
诺氟沙星	7.27	85.37	6	11	8	5	5	2	3	0	1
恩诺沙星	1.59	92.68	24	7	7	0	2	1	0	0	0
硫酸新霉素	13.12	7.32	0	0	1	2	10	13	15	0	0
盐酸多西环素	2.73	92.68	10	13	11	2	2	3	0	0	0
土霉素	26.73	78.05	0	2	1	3	15	11	1	4	4
盐酸四环素	8.63	90.24	8	12	13	2	2	0	2	0	2
氟苯尼考	6.07	92.68	8	23	7	0	0	0	1	1	1
甲砜霉素	18.35	87.80	1	2	21	9	2	1	0	0	5

表 15 不同抗菌药物对杀鲑气单胞菌的最小抑菌浓度分布 (n = 12)

药物名称	加权平均 MIC	敏感率 (%)	MIC 值（微克/毫升）								
			0.5	1	2	4	8	16	32	64	128
诺氟沙星	4.79	91.67	1	1	2	5	2	1	0	0	0
恩诺沙星	0.67	100	10	1	1	0	0	0	0	0	0
硫酸新霉素	7.63	58.33	1	1	5	0	0	0	5	0	0
盐酸多西环素	1.88	100	3	1	6	2	0	0	0	0	0
土霉素	14.67	58.33	0	0	0	4	2	1	4	1	0
盐酸四环素	2.88	91.67	1	4	5	1	0	0	0	0	0
氟苯尼考	22.46	83.33	1	5	4	0	0	0	0	0	2
甲砜霉素	29.00	75.00	0	0	0	4	5	0	0	0	1	2

表 16 不同抗菌药物对其他病原菌的最小抑菌浓度分布 (n = 38)

药物名称	加权平均 MIC	敏感率 (%)	MIC 值（微克/毫升）								
			0.5	1	2	4	8	16	32	64	128
诺氟沙星	19.72	60.53	9	3	7	2	2	6	2	5	2
恩诺沙星	2.45	86.84	24	5	2	2	2	1	2	0	0
硫酸新霉素	19.47	50.00	6	5	2	6	6	7	2	0	4
盐酸多西环素	6.54	84.21	11	13	5	3	0	2	3	0	1
土霉素	35.01	68.42	1	2	2	7	6	8	2	3	7
盐酸四环素	14.11	76.32	6	13	4	4	2	4	2	0	3
氟苯尼考	21.21	71.05	6	9	3	5	4	2	4	0	5
甲砜霉素	51.58	55.26	2	1	7	2	6	3	3	0	14

（3）病原菌药敏情况的年变化

病原菌对抗菌药物的敏感率近 3 年呈现先降低后升高的趋势，但年份之间的差异性不显著（$P > 0.05$）。抗菌药物对病原菌的加权平均 MIC 呈现先升高后降低的趋势，年份之间差异也不显著（$P > 0.05$）。见表 17 和图 11。病原菌的敏感情况随年份的变化受到药物使用、病原菌的取样、科学指导用药等方面的综合影响，因此，需要连年检测才可能确定出年份变化的影响因子和规律。

表 17 不同年份鱼类病原菌对抗菌药物的敏感情况

药物名称	敏感率（%）			加权平均 MIC（微克/毫升）		
	2012 年	2013 年	2014 年	2012 年	2013 年	2014 年
诺氟沙星	78.6	71.9	76.86	10.76	18.75	13.89
恩诺沙星	88.6	71.9	89.26	3.84	13.30	3.02
硫酸新霉素	52.9	26.6	27.27	13.63	18.07	15.71
盐酸多西环素	88.6	78.1	86.78	8.50	14.79	4.43
土霉素	58.6	67.2	65.29	33.74	44.48	33.77
盐酸四环素	77.1	68.8	80.17	10.20	28.99	13.66
氟苯尼考	78.6	87.5	81.82	13.48	10.47	17.52
甲砜霉素	72.9	71.9	72.73	33.14	30.91	34.83

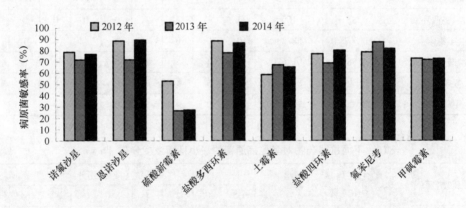

图 11 抗菌药物对不同年份鱼类病原菌的加权平均 MIC 比较

（三）结论

1. 养殖鱼类的病原菌

北京市养殖鱼类的主要病原菌仍然是气单胞菌属的嗜水气单胞菌和温和气单胞菌，占病原菌种类总数的 53.8%。这两种病原菌遍及北京市所有区县，流行温度为 12 ~ 29℃，对养殖生产造成严重的经济损失。

随着检测的增多，冷水鱼检出的病原菌种类日益增多，如鲑鳟鱼上的杀鲑气单胞菌和鲑肾杆菌为新发现的致病菌，鲟上出现的无乳链球菌、微杆菌、假单胞菌、巴斯德菌等都为新检出的致病菌。鲑肾杆菌为国外流行的致病菌，推测该菌是随引种传入我国，并在北京首次发现，因此必须加强引种检疫工作。

鱼体免疫力下降和水质环境恶化是造成细菌病高发、多发的主要原因，因此，控制此类病应主要从这两方面采取措施，如使用免疫增强剂、微生态制剂、降低密度等。

2. 养殖鱼类的病原菌药敏特点

总体上，北京市养殖鱼类的病原菌敏感药物种类与往年相同，为恩诺沙星、盐酸多西环素、盐酸四环素、诺氟沙星和氟苯尼考。利用北京市养殖鱼类病原菌的敏感药物的共性，制定了《北京市养殖鱼类病原菌敏感药物谱（2014 年)》（表 18）。可用于无法及时送样检测的渔民，大幅提高有效用药的概率。

表 18   2014 年北京市养殖鱼类病原菌敏感药物谱

品种	病原菌	敏感药物	敏感剂量（毫克/千克鱼重）	敏感率（%）
鲤	温和气单胞菌、嗜水气单胞菌、腐败希瓦氏菌等	恩诺沙星	32.4	91.67
		盐酸多西环素	50	75.0
草鱼	温和气单胞菌、嗜水气单胞菌、弧菌、类志贺邻单胞菌、巴斯德菌、不动杆菌等	恩诺沙星	32.4	94.0
		氟苯尼考	32.4	90.0
		盐酸四环素	64.8	90.0
		盐酸多西环素	50	88.0
		诺氟沙星	50	84.0
鲫	温和气单胞菌、嗜水气单胞菌、类志贺邻单胞菌	恩诺沙星	8.1	83.33
		氟苯尼考	16.2	83.33
		盐酸多西环素	32.4	83.33
		盐酸四环素	50	83.33
锦鲤	温和气单胞菌、嗜水气单胞菌、类志贺邻单胞菌、泛菌等	恩诺沙星	32.4	85.0
		氟苯尼考	16.2	80.0
		盐酸多西环素	32.4	80.0
		盐酸四环素	16.2	75.0
		诺氟沙星	50	70.0
金鱼	温和气单胞菌、嗜水气单胞菌、弧菌等	恩诺沙星	8.1	100.0
		诺氟沙星	16.2	100.0
		氟苯尼考	16.2	100.0
		盐酸多西环素	16.2	100.0
		甲砜霉素	32.4	100.0
		盐酸四环素	50	87.5
鲑鳟鱼	杀鲑气单胞菌、嗜水气单胞菌、腐败希瓦氏菌、不动杆菌、嗜麦芽窄食单胞菌等	恩诺沙星	37.6	90.48
		盐酸多西环素	50	90.48
		盐酸四环素	37.6	76.19

续表

品种	病原菌	敏感药物	敏感剂量 （毫克/千克鱼重）	敏感率（%）
鲟	微小杆菌、假单胞菌等	恩诺沙星	37.6	100.0
		诺氟沙星	50	100.0
		盐酸多西环素	37.6	100.0
		氟苯尼考	30	75.0

注：病原菌的敏感剂量是指药物的有效剂量值。依不同厂家不同的药物含量，进行折算。即该剂量除有效成分的百分率。

北京市养殖鱼类的病原菌呈现不同种属、不同菌株、不同养殖鱼类来源之间，对抗菌药物的敏感性不同。也就是不同渔场分离的病原菌药物敏感性不同、同一渔场分离的不同种属的病原菌药物敏感性不同、同一渔场不同时间分离的同种病原菌药物敏感性也不同。原因可能是北京市鱼类养殖场的离散状分布和养殖者使用抗菌药物的随机性。鉴于上述特点，今后指导科学合理使用抗菌药物需要加强两个方面工作：一是净化假劣抗菌渔药；二是加快病原菌药物敏感性的快检技术研发和应用，尽可能普及到每个养殖场。

四、无规定疫病苗种试点建设

为切实提高我国水生动物防疫水平，从源头控制疫病，提高渔业生产效益和水产品质量安全，受农业部渔业局和全国水产技术推广总站委托，由北京市水产技术推广站组织开展水生动物无规定疫病苗种场建设试点工作，具体负责苗种场申报以及检查监督等工作。

（一）调研及选址

市推广站对北京市各苗种场的规模、资质、疫病监测、防疫设施及条件、养殖用水、疫病净化处理、人员及日常管理等条件进行调研，通过综合分析规定疫病的防控可行性，选定北京市通州鑫淼水产总公司为试点单位，试点无规定疫病种类为鲤春病毒血症（SVC）和锦鲤疱疹病毒病（KHVD），监测品种为锦鲤。

市推广站将调研情况及水生动物无规定疫病苗种场建设构想汇报于渔业局及全国水产技术推广总站的领导和专家，并邀请多位领导专家赴试点单位参观、考察，对苗种场建设提出建议（图12）。

（二）本底调查

市推广站通过在适宜水温条件下向该养殖场的各养殖区域（包括每个池塘、进水口和排水口等）投放"哨兵鱼"和国标方法，分别对两种规定疫病的本底情况进行了调查。2014年4—9月，市推广站已完成5批次582成鱼（包括投放的"哨兵鱼"和原厂成鱼）和1 000尾苗种的SVSV和KHV的检测，检测覆盖试点单位原种培育区、苗

图 12　领导专家参观、考察试点单位

种繁育区和隔离区内的所有养殖池，经检测确定所有区域的锦鲤均不携带两种规定疫病（表 19）。进一步确定北京市通州鑫淼水产总公司为试点单位，并与其签订合作协议，规定试点单位的职责。

表 19　鑫淼水产总公司 2014 年度规定疫病监测情况

取样日期	样品数量（尾）	检测项目	备注
2014 年 4 月 16 日	150	SVCV	原厂成鱼
2014 年 5 月 7 日	1 000	SVCV	苗种
2014 年 6 月 26 日	132	KHV	用于监测亲鱼投放的"哨兵鱼"
2014 年 8 月 13 日	150	KHV	苗种
2014 年 9 月 2 日	150	KHV	苗种

（三）制定管理规程

市推广站通过综合分析项目实施过程中可能遇到的问题，制定了针对无规定疫病苗种场的认定、试点单位防疫基本条件、疫病监测制度、外来种鱼管理措施、日常管理措施、疫病净化等方面的工作程序，制定了无规定疫病苗种场认定申请表、检疫证明、日常管理记录、"哨兵鱼"监测技术规范、消毒规程 5 个表格和规程，为水生动物无规定疫病苗种场建设工作提供系统指导和操作依据。

（四）制作展板、制度上墙

市推广站将规程中的外来种鱼管理措施、日常管理措施、疫病净化管理措施和消毒规程制作成展板，并将制度张贴上墙（图 13）。

图 13　各种相关制度

（五）技术支持

市推广站对试点单位的技术人员进行程序中规定内容的系统培训，增强技术人员操作中的"隔离"意识。此外，市推广站还定期到试点单位进行发病、用药、引种情况的调查，加大对试点单位规定疫病的防疫指导、监督力度，为水生动物无规定疫病苗种场建设提供技术支撑。

2014 年辽宁省水生动物病情分析

辽宁省水产技术推广总站

（郑怀东　张岩岩　陈文博）

一、主要养殖品种、产量

辽宁省水产养殖方式可以分为淡水养殖和海水养殖两种，两种方式的养殖种类和养殖产量都相对较大，2014 年产量接近 400 万吨。海水养殖产量接近 300 万吨，约为淡水养殖产量的 3 倍，海水养殖以贝类养殖为主，占整个海水养殖产量的 75% 以上，淡水养殖产量接近 100 万吨，以淡水鱼类养殖为主，占整个淡水养殖的 90%（表1）。

表1　2014 年辽宁地区各种类养殖产量（吨）

海水养殖产量	鱼类	甲壳类	贝类	藻类	棘皮类	其他
2 890 525	58 684	24 930	2 327 070	351 337	128 342	162

淡水养殖产量	鱼类	甲壳类	其他			
904 206	803 131	87 668	13 407			

主要的淡水养殖品种为以"四大家鱼"为首的养殖鱼类，共 20 种淡水鱼类，甲壳类为凡纳滨对虾和中华绒螯蟹，其他品种有牛蛙和观赏鱼类等（表2）；主要的海水养殖品种为刺参、扇贝、牡蛎、海蜇、对虾、裙带菜、海带、蛤仔等（表3）。

表2　2014 年辽宁地区各淡水养殖品种产量（吨）

青鱼	草鱼	鲢	鳙	鲤	鲫	鳊鲂	泥鳅	鲇	鲴	黄颡鱼	鲟
2 367	115 459	125 648	72 119	281 375	92 027	8 543	14 981	45 804	219	5 640	1 001

鲑	鳟	鳜	池沼公鱼	银鱼	鲈	乌鳢	罗非鱼	凡纳滨对虾	中华绒螯蟹	牛蛙	观赏鱼（万尾）
1 372	5 418	1 864	699	559	166	3 438	2 957	8 639	78 829	13 385	36

表3　2014 年辽宁地区各海水养殖品种产量（吨）

刺参	扇贝	蛤	牡蛎	海蜇	日本对虾	中国对虾	蚶	贻贝	鲍	蛏
68 754	405 896	1 247 305	170 533	53 266	2 250	9 685	30 121	36 737	1 742	50 848

裙带菜	海带	海胆	梭子蟹	鲈	鲆	鲽	鲕	河鲀	凡纳滨对虾	
161 857	189 470	162	1 755	1 228	34 730	—	115	3 436	9 696	

二、疫情情况及分析

近年来海水养殖和淡水养殖损失量和损失经济价值分别见表4和表5：

表4　2014年辽宁地区养殖病害损失量（吨）

海水养殖	鱼类	甲壳类	贝类	藻类	棘皮类	其他
6 887	874	407	4 156	932	465	53

淡水养殖	鱼类	甲壳类	其他			
9 078	6 842	1 793	443			

表5　2014年辽宁地区病害损失经济价值（万元）

海水养殖	鱼类	甲壳类	贝类	藻类	棘皮类	其他
7 202	369	453	5 226	572	501	81

淡水养殖	鱼类	甲壳类	其他			
10 181	7 669	2 021	491			

从以上2个表可以得出，2014年辽宁省因为病害引起的损失量接近1.6万吨，经济损失价值接近1.8亿元。海水养殖方面病害损失量接近0.7万吨，经济损失价值为0.72亿元。淡水养殖方面病害损失量0.9万吨，经济损失价值超过1亿元。2014年海水养殖品种产量接近300万吨，约为淡水养殖的3倍以上，但病害引起的损失量仅为淡水养殖品种损失量的2/3。损失经济价值也为淡水养殖的2/3。说明海水养殖中因病害引发的死亡情况大大低于淡水养殖方式。贝类因为病害引发的损失占据海水养殖损失的70%，超过0.5万吨，说明贝类病害是海水养殖病害的主要类别，基本为细菌病，损失量极大。淡水鱼类占淡水养殖整体损失的70%以上，接近0.7万吨，凡纳滨对虾和中华绒螯蟹占据淡水养殖损失量的20%，接近0.2万吨。鱼类和甲壳类的病害均为病毒病和细菌病两种。从表4和表5可以看出，淡水依然是病害发生的主要养殖方式。淡水鱼类依然是辽宁省主要发生病害的品种和经济损失的主要原因。

（一）海水养殖

海水养殖品种大规模的病害没有发生过，海水品种发生病害的概率较低，大多都是自然因素或者人为因素造成的。整体上分析，发生病害的较大原因是由于环境的急剧变化导致了应激反应，而环境中的有害细菌在此时侵染，导致细菌病发生。根据辽宁省病害测报结果显示，全省水产品在养殖过程中发生不同程度的病害，导致少量的发病死亡情况，疾病种类主要是细菌、病毒和寄生虫等疾病。

大连地区出现了规模较大的病害灾害，但没有确认病原，第一起是金州区大李家浮筏养殖区的20万台海带在年初全部死亡，起初专家认为是由于温度较低，根部受冻引起的死亡，后经专家讨论，认为温度是引发海带死亡的诱因，除冻伤外，大李家浮筏养殖区区域海带受到病原感染从而引发大规模死亡，但引起死亡的病原现在还没有确诊。第二起就是金州区大李家和长海县广鹿岛养殖毛蚶区域，最初专家认为是施工因素引起尘土过多阻塞贝类呼吸系统引发的大量死亡，由于是暴发性质的病害，不能排除是致病性病原引发的流行，并且贝类发病原因相对复杂，较难确诊，所以具体引起死亡的原因到现在还没得到确定，主要原因倾向于病原的感染，同时环境影响因子协同作用所致。

贝类养殖中，扇贝的养殖因为未知原因大量死亡，专家猜测是养殖密度过大造成饵料不足而大量死亡，但现在未经证实，病害发生的情况还是有的，发病病原种类未鉴定。尤其是獐子岛事件，专家鉴定是气象原因，但是否是病原引起，贝类专家现在还在鉴定研究当中。贝类养殖，分别在大连、丹东共有 2 000 亩菲律宾蛤仔发生了 1 种细菌性疾病，鉴定后细菌为副溶血弧菌。

其他养殖品种中，高温季节是刺参病害发生较为严重的时候，是导致发生细菌病的原因，发生化皮、肿嘴，基本为条件变化的应激反应后弧菌或假单胞菌感染所致。多年的老圈较新圈多，池塘养殖较底播增养殖多。对虾在天气骤变时易暴发病毒性疾病和细菌性疾病。对虾养殖方式为刺参池塘里面混养。对虾死亡大部分原因是白斑综合征和细菌性疾病综合起作用，多为养殖环境恶化后，病原趁机侵染对虾，导致对虾死亡。

（二）淡水养殖

淡水养殖品种大规模的病害没有发生过，出现过小规模疫病多次。根据结果显示，全省水产品在养殖过程中导致少量的发病死亡情况疾病种类主要是细菌、病毒和寄生虫等疾病。淡水养殖疫病大多为病毒病、细菌病两种或两种交叉感染所为。

2014 年淡水养殖品种发病，鱼类病害主要以淡水鱼细菌性败血症等细菌性疾病，虹鳟的营养性疾病，草鱼、鳙等鱼类的赤皮病、烂鳃病和细菌性肠炎病、水霉病、竖鳞病、烂鳃病、细菌性肠炎病、黏孢子虫病为主。其中水霉病、赤皮病、烂鳃病等细菌性疾病以及寄生虫性疾病将陆续发生，但发病时间短，死亡率低，仅在 5—6 月份出现发病。烂鳃病在 5—10 月均有发病，烂鳃病、细菌性肠炎病、黏孢子虫病在 6—8 月为高发期，6—8 月份鱼类处于生长旺盛阶段，这期间投饵量的加大，残饵及粪便会导致水质恶化，易造成疾病的发生，此时为发病的最高峰，烂鳃病最高发病率为 11%，出现在 7 月，引起的死亡率为 2%，8 月死亡率最高，达到 5%。细菌性肠炎病最高发病率为 33.3%，出现在 8 月，引起的死亡率为 0.2%。黏孢子虫病最高发病率为 8.6%，出现在 6 月，引起的死亡率为 0.35%，8 月死亡率最高，达到 5%。由此可见，8 月份淡水鱼病害发病率最高，病情难以控制，引起了全年最高的死亡率。

甲壳类中疫病基本在中华绒螯蟹和凡纳滨对虾两种。中华绒螯蟹水肿病主要发生在成蟹稻田养殖和苇田养殖区，发病率 1%，发病面积接近 8 000 亩，稻田和苇田发病面积比例基本为 1∶3。凡纳滨对虾病毒病主要有白斑综合征和细菌病有红腿病，均为病毒病和细菌交叉感染所引发死亡，2014 年发病率为 30%，面积 13 500 亩。

（三）重大疫病

1. 鲤春病毒血症

整个养殖期都有发生，死亡量大，发病时间长，治疗较困难，每年因败血症造成淡水鱼类养殖的直接损失平均可达到10%，基本占据淡水鱼类死亡的90%以上，引发该种疫病发病病原较多，细菌病。

2. 白斑综合征

整个养殖期都有发生，死亡量较大，阳性检出率接近50%，在淡水养殖中的检出率远远高于海水养殖。正常情况下发病概率不高，一旦天气等条件变化发生应激后，或其他病原感染，比如细菌，将会造成大面积死亡，治疗困难，每年因白斑综合征导致对虾养殖的直接损失平均可达到30%以上，基本占据甲壳类死亡的80%以上。

3. 传染性造血器官坏死病

久才峪渔户养殖的虹鳟，开始出现患病症状并陆续死亡，由于药物控制无效死亡率开始增加，暴发大规模疫情。将患病鱼分2批送往大连水产学院进行检疫。第一批为本溪已染病的苗种和成鱼，第二批为本溪运往甘肃的目前仍未患病的金鳟成鱼。经大连水产学院初步诊断，此鱼病为鲑鳟鱼传染性造血器官坏死症。至此，全省虹鳟养殖开始大面积暴发疫病，涉及虹鳟主产区的所有虹鳟养殖户。症状由原来的内部充血、鼓眼睛，发展到外部充血、肛门拖粪便；2014年冬季，虹鳟成鱼开始出现在池中上下翻滚，最后"翻白"死亡的现象。发病时间也从开始的鱼种、成鱼死亡，发展到现在的从鱼卵孵化上浮就开始，死亡率高达80%左右。

4. 锦鲤疱疹病毒病

发生率较低，一旦发病，短时间内会造成60%以上的死亡，治疗困难。有个别池塘发病，造成鲤养殖的直接损失平均可达5%。锦鲤发生此病概率较高，危害较重，可造成整个池塘全军覆没（苗种期较重），也可持续死亡，治疗困难。因此，锦鲤养殖病造成的直接损失平均可达15%。

到2015年，由于"远诊网"、病害测报网络系统、短信平台等"物联网＋"的应用，更高效地解决了相当多的养殖病害情况，以后病害发生会越来越少。

三、原因分析

（一）环境因素

近年来，随着经济的发展，城市化进程的加快，工农业及生活污染物排放量增加，水环境污染加剧；养殖规模不断扩大，密度增加，大量投饵，养殖自身造成污染日益严重，导致病害种类增加，范围扩大，危害加重；农药的大量使用及大量滥用渔药，极大地破坏了水生态平衡，对养殖生物造成巨大的直接或间接危害。

（二）养殖基础条件

①池塘底泥厚，池水浅，池埂倒塌，加之部分池塘冬季搞贝类、鱼类、刺参等的越冬，不能排干池水进行冻晒池底，病原滋生，容易引发疾病。②海水池塘养殖除刺参池外，基本无增氧设备，遇到阴雨闷热天气或池塘转水，就会出现缺氧现象，间接引起疾病或直接引起缺氧"浮头"甚至泛池。③大量投喂冷冻或冰鲜杂鱼，污染水质，造成养殖生物体质下降，直接或间接导致疾病发生。④与海水养殖相比，淡水池塘或水库的承包期较长，池塘维修和清淤要好于海水池，标准也相对较高，大部分池塘配备增氧机、投饵机，投喂的多为颗粒饲料，病害相对容易控制。

（三）苗种质量

生产苗种的亲本缺乏人工定向选择，种质退化严重，抗病力下降。此外，河鲀和牙鲆鱼种越冬期间病害较重，治疗方法不当，大剂量长期用药，鱼种的体质较差，有的甚至带病放入室外养殖池，容易发病。

（四）对养殖病害缺乏基础研究

海水养殖历史短，病害防治研究远落后于生产，如海蜇、贝类等许多病害的病原体尚未究明，更谈不上治疗。另外，海水养殖多数是鱼虾蟹贝多种混养，各品种对药物的敏感性反应不一，往往出现治疗一种生物疾病的药物会对其他混养种造成严重伤害。

（五）缺乏健康养殖理念

有些养殖业者盲目追求高产，增加放养密度；注重治疗不注重预防，很少进行彻底的药物清塘消毒，对苗种、饵料、工具的消毒更是认识不足，不注意改善养殖环境条件，饲养管理也是粗放型，滥用药物的大有人在。

（六）饵料质量

很多养殖种类没有优质的配合饲料，尤其是肉食性种类更是如此，大多投喂冷冻小杂鱼、屠宰厂、食品加工厂下脚料或其他代用料，某些营养成分过剩，某些营养成分缺乏，轻者导致养殖生物体质下降，生长缓慢；重者患上维生素 C 缺乏症、脂肪肝等营养性疾病。

四、预防措施

（一）组织培训和技术指导

1. 组织培训

每年举办省、市、县、乡四级培训班 100 期以上，培训对象有市、县、乡推广站技术人员、测报员和养殖大户，培训内容有中华绒螯蟹、刺参、淡水鱼、凡纳滨对虾养殖与病害防治技术，发放各种技术资料1.8万余册。通过技术培训，提高了技术人员和养殖户的技术水平，水产养殖发病率和经济损失有所下降。

2. 提供基层技术服务

在养殖季节，各级站组织技术人员，到各重点乡镇进行技术服务，到病害严重的养殖区域进行技术指导，每年市、县推广站到乡级站进行技术指导1万多人次，在苗种投放时严格进行消毒，投喂饵料严把质量关，从苗种、饵料、水质和管理入手，坚持以预防为主，减少病害造成的损失。平时常与乡镇站长沟通，了解病害发生情况、防治方法等，发生病害时，市站都要与基层站技术人员直接通话，了解情况，病害严重时现场指导，为养殖户排忧解难。

3. 充分发挥龙头企业作用

对养殖户进行产前、产中、产后服务，形成了较为完整的服务体系。每年对养殖户进行技术培训1万多人次，免费为3万多养殖户化验水质5万多次，通过专家坐诊、电话咨询、网上视频诊断等形式为养殖户解答技术咨询5万多次，并以优惠的价格提供防治中华绒螯蟹疾病的药品，给养殖户带来极大便利，同时水产技术推广站与各龙头企业共享，互派专家指导，能够及时掌握病害发展趋势，为病害防治工作顺利开展提供新的模式。

4. 推广生态养殖技术

使用微生态制剂　在养殖中通过使用微生态制剂、底质改良剂改善水质和底质环境，降低病害的发生。

推广底部增氧技术　刺参养殖池塘、凡纳滨对虾养殖池塘使用底部微孔增氧技术，改善水质环境，减少养殖病害。目前，辽宁地区使用底部微孔增氧技术的养殖户逐年上升。

降低养殖密度　养殖苗种投放密度从过去降低到70%，产量没有下降，而规格增大，效益提高，同时减少了疾病的发生，病害发生时间推迟。

（二）积极做好病害预防工作

1. 搞好放养前的基础工作

根据养殖生物种类、或建设相应

改变刺参的单养现状，探讨科学合理的养殖模式。

3. 选择优质的苗种

种质退化是水产种苗普遍存在的问题，病害日益严重与种苗质量差有直接的关系。要大力实施苗种检疫制度，防止苗种带有病原体。菲律宾蛤仔、文蛤、缢蛏等贝类的本地种源遭到严重破坏，几乎都是从外地购买苗种，对本地的适应性较差，是贝类养殖的巨大隐忧。

4. 科学投喂，做到"四定"，增强养殖生物的体质和抗病力

定时　根据养殖生物的摄食规律和水体理化状况，决定日投喂次数并定时投喂。

定量　各种养殖生物每天的摄食量是不同的，同种生物不同发育阶段的日摄食量也不同。要根据养殖生物的种类、发育阶段、季节、水质状况、饵料种类等决定投喂量。

定质　要保证饵料的质量好。营养全面且要平衡，适合养殖生物的需要；颗粒大小适中，养殖生物易于摄食，特别是海蜇、滤食性贝类的代用料，一定要多种混合，粉碎粒度要细，悬浮时间要长。

定位　大多数情况下，要固定投饵场所，以便于养殖生物摄食和检查摄饵状况，并及时清除残饵。

5. 保持持续的天然饵料生物供应

鲢、鳙、鲇、海蜇、刺参、贝类等许多养殖种类还没有优质专用全价配合饲料，即使有，或营养不全面，或价格太高，无法大面积推广应用。养殖水体中天然饵料生物的培养是重要的养殖环节，也是养殖成败的关键，一定要根据养殖生物的需要，持续培养生物饵料，在生物饵料不足时补充投喂代用料。

6. 抑制病原生物

水温超过 20℃，根据养殖水体情况，有针对性定期泼洒微生态制剂；适当使用消毒、杀菌、灭虫药物，控制杀灭致病生物是必要的，但要注意不要过量用药，长期用药，并与微生态制剂的使用不冲突，不用违禁药物，不用高残留药物，并要根据养殖生物对药物的敏感度合理选择药物，严格遵守休药期。

7. 加强饲养管理

坚持经常巡塘，观察养殖生物的活动和摄食情况，搞好池塘的清洁卫生，及时捞出已死亡的或有病的养殖生物，科学换水，合理施肥，在捕捞、运输及日常管理过程中，尽量降低养殖生物的应激反应。发现问题，及时采取相应措施。做到池塘消毒、苗种消毒、工具消毒。

（三）及时治疗

养殖水产生物的疾病治疗贵在及早发现，正确诊断，对症选药，尽快治疗。一旦没能及时发现疾病，疾病蔓延后就很难控制，将造成巨大的损失。

1. 病毒性疾病的治疗

目前，对病毒性疾病尚无很有效的治疗方法，一旦发病，主要从改善水质、增强养殖水生生物的体质着手，结合消毒杀菌进行治疗和控制。

2. 细菌性疾病

采用内服抗菌素或中药制剂，外用杀菌消毒药物进行治疗。内服药物至少要一个疗程（5~7天），外用药物要泼洒1~2次。如果不能治愈，可在食场泼洒药物，巩固治疗效果。

3. 寄生虫性疾病

要根据寄生虫的种类选用杀虫药物进行外用或内服治疗。由于大部分寄生虫性疾病伴随着细菌感染，用完杀虫药物后再用消毒或杀菌药物。如果同时感染多种寄生虫，要以危害最严重的为主进行药物选择。

4. 藻类引发疾病

海水池塘养殖常见的藻类危害有淀粉卵甲藻病、着毛病等。对海水池塘养殖危害最大的是丝状藻类和甲藻类。

5. 营养性疾病

草食性鱼类如草鱼、团头鲂的高密度养殖多使用配合饲料，饲料中的碳水化合物含量过高，而维生素往往缺乏，加之滥用药物，很容易患营养性疾病，轻者体质下降，食欲减退，易感染疾病，重者大批死亡，危害较严重；海蜇如果长期缺乏浮游动物饵料，就会出现平头、长脖、萎缩等症状。

6. 理化因素引起的疾病

高温季节，牙鲆、河鲀、刺参等都是不耐高温种类，此期要加深水位，缓解高温带来的不利影响；高温闷热的天气，投喂量大，溶氧不足，池水中的氨氮、亚硝酸盐、硫化氢等化学因子易超标，引起养殖生物中毒死亡，要加大换水量，同时泼洒底质改良剂、水质改良剂或微生态制剂来消除；连续大量降雨，及时排淡，谨慎换水，避免盐度剧降带来的不利影响。

7. 缺氧"浮头"或泛池

气压低，温度高，容易出现缺氧"浮头"甚至泛池。要科学使用增氧机、增氧剂增氧，尽量多换水，改善池水的溶解氧状况，防止"浮头"或泛池事故的发生。

2014 年吉林省水生动物病情分析

吉林省水产技术推广总站

（金钟　楚国生　孙占胜　李壮　蔺丽丽）

吉林省自 2002 年开展水产养殖动植物病情测报工作以来，在国家和省级渔业主管部门的大力支持下，经过全省各级推广工作人员努力，全省水产养殖病情测报工作在监测规模、监测能力、监测质量和规范管理上都有了一定的提高，对鱼类养殖期病害发生规律、流行情况和趋势也有了科学精准的掌握。通过预测预报，适时提出针对性预防措施，有效提高了从业人员病害防治的能力和水平，降低了农（渔）民的养殖风险和因病害造成的直接经济损失，起到了促进渔民增收的作用。

一、全省主要养殖品种及产量

吉林省现有养殖池塘 45 万亩，其中精养池塘 15 万亩，养殖品种涵盖了鲤、草鱼、鲢、鳙、鲫、团头鲂、青鱼、鲇、黄颡鱼、银鱼、鳜、细鳞鱼、日本沼虾、克氏原螯虾、中华绒螯蟹等 20 多个品种，2014 年水产品总产量达到 19 万吨，其中养殖产量 17 万吨，占总产量的 88%。鲤、草鱼、鲫为全省主要大宗养殖品种，年产量保持在 15 万吨左右，占全省水产品社会供给率的 89.4%。

二、病害监测情况

1. 总体情况

近年来，随着全省水产养殖规模的不断扩大，养殖品种日益多元化，养殖产量逐年增加，养殖鱼类病害发生频率和种类也呈现出逐年递增态势，从几年来对全省动植物病害测报监测情况来看，监测周期内（4—10 月）发生的常见常发病害种类已达到 18 种，涵盖了细菌性疾病（8 种）、寄生虫类疾病（9 种）和真菌性疾病（1 种）三大类，其中细菌性疾病主要包括赤皮病、细菌性肠炎病、烂鳃病、淡水鱼细菌性败血症、

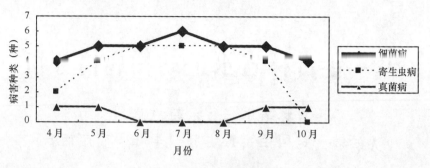

图1 2014年各月病害种类

2. 经济损失情况

在监测到的病害中，各年发生的病害种类相对固定，无特殊或暴发性疾病发生。但有些病害每年多次甚至连续几年均有发生，给广大渔民造成了较大的经济损失，也制约了吉林省水产养殖业的快速健康发展。

自开展工作以来，全省因病害造成的年直接经济损失每年都有所增加。据不完全统计，2009年达到最高值101万元，随着监测手段的不断完善和农渔民风险意识的提升，近几年来逐渐呈下降趋势，最低降至54万元（图2）。但2012年和2014年出现了小幅波动，由病害造成的经济损失略有升高，其主要原因是在这两年全省部分地区由于极端天气的影响，天旱缺水，加之管理措施不到位等多重因素影响，致使部分养殖水面暴发了大面积的淡水鱼细菌性败血症，较以往相比，经济损失有所加大。但总体来看，随着监测面积和种类的扩大，趋势还是平稳下降发展。

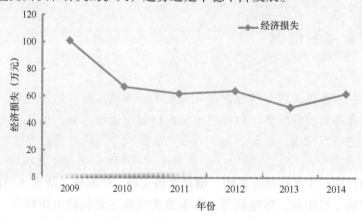

图2 近年因病害造成的直接经济损失

三、发病趋势分析

从每年的监测结果和分析情况来看，全省病害发生的种类和时间相对稳定，变化不大。春秋两季是水霉病的高发季节，夏季的 6 月、7 月、8 月份是全省主要养殖生产期和鱼类生长高峰期，也是细菌性疾病和寄生虫类疾病的高发期。

春季（4—5 月份）：养殖生产初期。常发疾病为水霉病（4 月份）、竖鳞病和赤皮病（5 月份），主要发病对象为鲢、鳙、鲫等。

夏季（6—8 月份）：养殖生产高峰期。常见的有烂鳃病、赤皮病、锚头鳋病、车轮虫病、淡水鱼细菌性败血症、细菌性肠炎病、打印病、孢子虫病、指环虫病、三代虫病，主要发病对象为"四大家鱼"和鲫。

秋季（9—10 月份）：9 月份随着水温的逐渐降低，细菌性疾病减少，但部分寄生虫类疾病还不容忽视，如指环虫病、锚头鳋病、车轮虫病，主要发病对象为鲤和鲫；进入 10 月份水温明显下降，大部分苗种开始进入并塘越冬阶段，易发水霉病，主要发病对象是越冬鱼种。

四、主要防控措施

在监测种类中，受害的养殖品种主要为鲤、鲫和"四大家鱼"，以及一些鲑鳟鱼类。针对鱼类的养殖特点及病害实际发生情况，主要采取以下措施进行防控。

（1）各级渔业部门和推广机构采取多种措施，加大宣传和技术指导，有效树立和提升了农渔民科学生产意识。

（2）加强苗种产地检疫管理，减少外来病虫害侵袭。

（3）制定并实施多项生产操作规范化标准，对养殖生产过程进行规范化要求。

（4）加强生产日常管理，做好养殖生产前放养苗种消毒、清塘清整等基础工作，加大对生产投入的监管力度，从源头做好疫病防控。

（5）将测报工作与国家水生动物重大疫病监测、水生苗种放流检疫等工作进行有机结合，并实施信息化、科学化监测，提高了病害防控手段。

五、下一步工作安排

建立并应用多种信息化智能系统平台，近几年，随着区域的交流扩大，水产苗种引进和销售等生产行为日益增多，加之产地和运输检疫监管的缺失，外来疫病尤其是病毒性疫病暴发蔓延形势越来越严峻。通过近几年的监测发现，鱼类病毒性疾病已在吉林省部分地区偶有出现，虽然没有造成大的危害，但不能排除病毒性疾病在吉林省暴发流行的可能。因此，在科学准确做好病情监测的同时，利用分析数据加大重大疫病的监测，扩大监测面积，增加检测品种和数量，提升人员素质和技术水平，全面做好全省水生动物疫病监测与防控工作。

2014 年浙江省水生动物病情分析

浙江省水产技术推广总站
（丁雪燕 郑天伦 孔蕾 朱凝瑜 贝亦江）

2014 年继续组织浙江省水产技术推广系统，在 11 个市、71 个县（市、区）建立 369 个养殖监测点，并将 21 个渔药店作为测报点补充，对 21 个水产养殖品种进行了病害监测，监测面积为池塘/围塘 66 512 亩，大棚 3 455.7 亩，滩涂 2 370 亩，海水网箱 620 630 立方米，淡水网箱 3 000 平方米，流水养殖 110 000 平方米，温室 70 650 平方米。同时开展了 7 个主要养殖品种重大疫病监控与流行病学调查和虾苗疫病普查等工作。

（一）各类疾病总数与 2013 年基本持平

2014 年 21 个监测品种全部发病，共监测到各类病害 71 种，包括病毒性疾病 6 种、细菌性疾病 23 种、真菌性疾病 1 种、寄生虫性疾病 6 种、其他病害 26 种、不明病因疾病 9 种；病害总数与 2013 年基本持平（表 1）。

表 1   2014 年水产养殖发病种类、病害属性综合分析（种）

类 别		鱼类	甲壳类	爬行类	贝类	合计	2013 年数据
监测品种数		11	6	1	3	21	21
监测品种发病数		11	6	1	3	21	19
疾病性质	病毒性	2	3	1	0	6	4
	细菌性	9	6	8	0	23	23
	真菌性	1	0	0	0	1	1
	寄生虫	5	1	0	0	6	8
	其他	10	10	1	5	26	30
	不明病因	3	4	1	1	9	6
	合计	30	24	11	6	71	72

与 2013 年相比，发病品种增加 2 种，病害种类减少 1 种，其中生物源性疾病和 2013 年持平，环境不适、擦伤、台风等其他性质病害比 2013 年减少了 4 种，不明病因的病害比 2013 年增加了 3 种。

（二）病害流行情况与往年相似

2014 年全省水产养殖品种发病情况同往年一致，与气温的变化呈正相关，发病时间主要集中在 3—10 月，其中又以 5—9 月为发病高峰期（图 1），总体上病害种类随着气温、水温的增高而增加。这与高温时节病原生物大量繁殖、养殖生物生长旺盛导致残饵及排泄物增多、天气多变、水质易恶化等多种因素有关。其中 3 月、5—7 月、9 月的月病害数比 2013 年有所增加，而 8 月因没有 2013 年同期极端高温以及"潭美"台风带来的狂风暴雨影响，养殖动物发病种类相对减少。

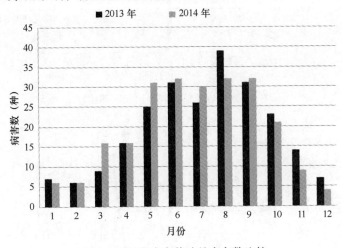

图 1　浙江省水产养殖月病害数比较

（三）发病程度仍属较重年份

尽管 2014 年未出现上年的持续高温、超强台风、冰雪寒冻等恶劣气候条件，但 2014 年早期的持续低温多雨、8 月罕见的多雨寡照凉爽天气，使 2014 年的总体发病率、死亡率不低。2014 年月平均发病率为 4.03%、平均死亡率为 0.18%（图 2 和图 3），测报点月平均经济损失 171.08 万元，与 2013 年相比，发病率、死亡率均有所上升（2013 年同期为 4.00%、0.07%），但由于多数死亡品种的规格较小、经济价值相对较低，月均经济损失有所减少，约为 2013 年同期的 87%，及 2012 年的 62.6%，但为 2011 年的 1.74 倍。因此，2014 年仍属病害发生面较广、经济损失较大、危害程度较严重的年份。

从测报点各养殖模式来看，大棚养殖经济损失最多，约占总损失的 44.90%，其次是池塘养殖，约占总损失的 36.84%。2014 年测报点所有养殖模式的单位面积损失，大棚、滩涂和流水养殖要高于 2013 年，淡水网箱与 2013 年持平，其余养殖模式要低于 2013 年（表 2）。

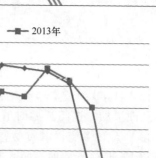

图2 水产养殖病害月平均发病率比较

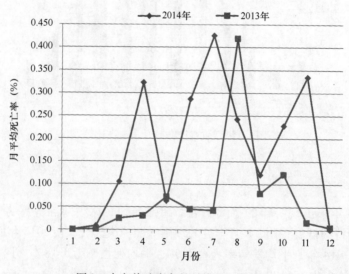

图3 水产养殖病害月平均死亡率比较

表2 2014年监测点上各养殖模式损失情况

参数	养殖模式						
	池塘	大棚	滩涂	海水网箱	淡水网箱	流水养殖	温室
经济损失（元）	7 562 606	9 220 680	10 400	3 633 560	0	18 189	39 175
监测面积	66 512	3 455.7	2 370	620 630	3 000	110 000	70 650
单位面积损失	113.70	2 668.25	4.39	5.85	0	0.17	0.55
2013年单位面积损失	161.64	1 056.03	0	18.51	0	0.09	0.60

注：1. 单位面积损失 = 经济损失（元）/养殖面积；2. 池塘/围塘、大棚、水库、滩涂养殖面积的单位为亩，海水网箱单位为立方米，淡水网箱、流水养殖、温室单位为平方米。

174

（四）部分品种发病仍较为严重

2014 年 21 个监测品种全部发病，其中凡纳滨对虾、大黄鱼、青鱼、黄颡鱼等养殖品种发病较为严重（表3）。

表3　各监测品种月平均发病率、月平均死亡率及其与 2013 年增减情况

监测品种	养殖模式	平均发病率（%）		平均死亡率（%）		监测品种	养殖模式	平均发病率（%）		平均死亡率（%）	
青鱼	池塘	18.07	+	0.04	+	凡纳滨	池塘	3.44	+	0.55	+
草鱼	池塘	8.11	+	0.08	+	对虾	大棚	1.86	+	2.55	+
	流水	0.37	−	0.01	+	日本沼虾	池塘	8.55	+	0.006	+
鲢	池塘	0.52		0.004		罗氏沼虾	池塘	0.69	−	0.01	−
鳙	池塘	0.52	−	0.002	持平		大棚	1.042	+	0.04	+
鲤	池塘	8.21	−	0.04	−	三疣梭子蟹	池塘	1.5		0.07	+
鲫	池塘	7.17	+	0.01	持平	拟穴青蟹	池塘	4.45	−	0.02	持平
	网箱	—	—	—	—	中华绒螯蟹	池塘	0.28	−	0.001	−
乌鳢	池塘	1.34	−	0.001	−	中华鳖	池塘	2.69	−	0.02	−
大黄鱼	海水网箱	15.14	−	1.07	+		温室	8.71	+	0.03	+
黄颡鱼	池塘	10.00	+	0.08	+	泥蚶	池塘	0.67	−	0.16	−
花鲈	海水网箱	1.34	−	0.001	−	缢蛏	滩涂	—		—	
翘嘴红鲌	池塘	4.44	+	0.003	持平		池塘	0.09	−	0.005	+
	网箱	—	—	—	—		滩涂	0.32	+	0.009	+
三角帆蚌	池塘	2.43	+	0.3	+						

注："＋"表示比 2013 年同期增加，"－"表示比 2013 年同期减少，"—"表示未发病。

凡纳滨对虾　尽管 2014 年养殖生产 F1 代、F2 代苗比例达到 43%，比 2013 年增加 20 个百分点，病毒阳性检出率为 36.43%，比 2013 年的 62.83% 降低了近 26%，但由于长期多雨低温天气，导致大棚和池塘养殖的凡纳滨对虾的病害高发，且桃拉综合征和白斑综合征的检出率较高。2014 年测报点的月平均发病率和月平均死亡率分别为 5.3% 和 3.1%，比 2013 年有所增加。其中 6 月、7 月的发病率都超过 10%，8 月的月发病率超过 20%；7 月、10 月和 11 月的月死亡率都超过 6%。而从表面情况来看，发病率更高，如绍兴市参加虾病政策性保险的养殖户，发病报损面积高达 73%。而且 7 月损失最为严重，大棚和外塘养殖的对虾都出现生长缓慢、空肠空胃的症状，大面积死亡；另外 6 月因桃拉综合征、急性肝胰腺坏死病，8—10 月因红体病、台风影响、苗种问题也有较大损失。

大黄鱼　2014 年的月平均发病率和月平均死亡率分别为 15.14% 和 1.07%，发病

率较 2013 年有所降低，死亡率有所升高，测报点全年造成 340.6 万元的经济损失，为 2013 年的 30%（由于 2014 年大黄鱼损失以苗种为主，而 2013 年由于 3—4 月的内脏白点病和 10 月初的"菲特"台风造成的损失以成鱼为主，故 2014 年死亡率高，损失金额却有较大下降）。主要疾病为刺激隐核虫病、白鳃病和台风引起的外部伤害。白鳃病近年来在福建、浙江一带流行范围较广，需引起重视。

青鱼　4—11 月均监测到病害，全年月平均发病率和月平均死亡率为 18.07% 和 0.04%，发病最严重的是 6—9 月，主要病害为烂鳃病、细菌性肠炎病、赤皮病、淡水鱼细菌性败血症等细菌性疾病，测报点全年共造成经济损失 37.2 万元，居淡水养殖测报鱼类损失之首。

黄颡鱼　2014 年新加入的测报品种，5—7 月、10—11 月有疾病发生，月平均发病率和月平均死亡率分别为 10.00% 和 0.08%。其中 6 月、7 月黄颡鱼淡水鱼细菌性败血症发病率较高，都超过 50%，在以后的养殖病害预警中须引起重视，加强防范。

（五）2015 年病害流行预测

根据历年浙江省水产养殖病害测报结果，2015 年全省水产品在养殖过程中仍将发生不同程度的病害，疾病种类主要是细菌、病毒和寄生虫等生物源性疾病。广大养殖户除按照往年病害发生规律做好防范工作以外，特别要注意以下几个方面：

近年来气候多变，2013 年夏季出现长时间极端高温天气，2014 年夏季却是多雨寡照凉爽天气；2013 年有强台风袭击，2014 年并没有正面袭击浙江省的台风。因此，2015 年需要高度防范气候变化造成的损失，尤其甲壳类以及贝类中对养殖环境较为敏感的种类，天气骤变易暴发疾病。

根据近两年的虾苗疫病普查，白斑综合征病毒和桃拉综合征病毒的携带率有上升趋势，副溶血弧菌也依然有检出，因此凡纳滨对虾的病害也要重点防范，有条件的养殖单位要引进优质种苗并做好检疫工作，从根源上降低疾病发生的概率。

尽管 2014 年大黄鱼刺激隐核虫病发病时间较 2013 年晚 1 个月，但 2015 年依然不能放松对刺激隐核虫病的防范；由假单胞菌引起的内脏白点病在 2014 年也没有大面积发生，但依然要提高警惕，注意引进苗种质量把关以及养殖密度的调控；同时大黄鱼白鳃病发病范围有扩大的趋势，需引起注意。

2014 年安徽省养殖水生动物病情分析

安徽省水产技术推广总站

（魏泽能）

一、水产养殖概况

2014 年，安徽省水产养殖面积 864 万亩，水产品总产量 223.7 万吨，居内陆省份第四位；渔业经济总产值 690 亿元，居全国第九位；渔民人均纯收入 1.23 万元。建成部级水产健康养殖示范场 342 家，核心示范面积 100 多万亩；稻田综合种养面积达 60 多万亩，池塘低碳高效循环流水养鱼试点已覆盖 5 个地级市 12 个县级市，休闲渔业基地达 3 000 多家，其中国家级示范基地 24 家，省级 48 家，产值达 25 亿元。国家级水产龙头企业 2 家；省级龙头企业 43 家；省级以上水产原良种场 34 家；养殖大户 5.71 万户，规模养殖面积达到 450 万亩，水产专业合作组织 1 580 家，已建成"三品一标"养殖基地 274 万亩，认证有机、绿色、无公害基地面积 263 万亩，无公害产品 607 个、绿色产品 123 个、有机产品 61 个。认证产品 800 多个；获中国驰名商标 1 个、省著名商标 23 个，取得了良好的成绩。

但是，全省渔业发展基础依然薄弱。现有 300 多万亩养殖池塘中，2/3 以上因不同程度老化淤积，单产低于全国平均水平 30%；渔业水域环境污染加剧，资源环境约束压力增大，水产养殖病害监测检验与技术服务能力弱，水产养殖现代化要求与低水平服务保障体系的矛盾日益突出，制约了安徽省渔业现代化建设步伐，存在的主要问题有以下几方面。

（一）养殖基础设施陈旧老化

安徽省现有 300 多万亩养殖池塘中，2/3 以上使用年限超过 20 年，产生不同程度老化淤积，20 世纪 80 年代开挖的连片精养鱼塘，淤泥平均深度 45 厘米。据对联合国粮农组织援建的 WFP - 2814 项目区池塘淤泥测定，平均深度 47.3 厘米，有机物含量达 (20.63 ± 2.11)%，一昼夜淤泥的理论耗氧值高达 (672.2 ± 164.4) 毫克/升·平方米，淤泥中总氮平均值为 19.2 毫克/升（干重），下层为 11.3 毫克/升；总磷上层平均为 2.37 毫克/升，下层为 0.86 毫克/升。池塘淤泥和有机物质过多，容易产生氧债滋生病原。氧债导致鱼类"浮头"和有机质不能完全分解，继而产生水质问题，而多数养殖者恰恰因为缺乏有效的水质管理技术，造成病害频发，因此池塘的生态改造是病害防控的重要手段之一。

（二）种质资源退化

全省水产遗传育种和种质研发基础薄弱，成果转化率低。主要表现在：政府层面没有良种研究、选育、更新的规划和安排，青鱼、草鱼、鲢、鳙等主要养殖种类良种选育工作滞后，遗传改良率只有32%，水产原良种场基本没有实验室。全省国家级良种场2家，其中国家级河蟹原种场已经多年不生产蟹苗；省级良种场34家，占水产苗种场总量的13.5%；苗种孵化繁育设施规模在5 000平方米以上的苗种场仅6家，而苗种繁育设施规模在1 000平方米以下和没有规范产卵、孵化设施的小场却占了86.5%。大多数苗种场生产条件差，技术力量弱，亲本质量不能保障。

然而，种质资源又是水产养殖最主要的问题之一。首先由于过度捕捞、水域污染、水利工程建设等原因，导致鱼类天然群体的生态环境发生剧变，水生动物的天然资源已遭严重破坏并趋衰竭。隔离、破碎及恶化的生态环境，使安徽省本来非常丰富的天然渔业种质资源遭受严重威胁。其次水产良种选育周期长，风险性大，如草鱼、青鱼、鲢、鳙要5~7年性成熟，选育4~5代需要20年以上，鲫、团头鲂、鳜、乌鳢、中华鳖、中华绒螯蟹等性成熟只需2~4年，经过4~5代选育也需要10年以上。而良种的选育需要丰富的专业知识与大量的人力和物力，水产原良种生产单位和苗种繁育单位面临诸多生存压力，对原种和良种缺乏有效保护手段，良种的选育与提纯复壮更是心有余而力不足，导致目前现状是亲鱼的遗传背景不清、繁育群体质量参差不齐、小群体近亲繁殖等情况普遍存在。此外，多年多代，抑或近亲人工繁育群体进入或放流到天然水域，形成鱼类种质退化的现状，由此导致的养殖水生动物免疫力下降，抗病力降低，是现实行业内公认的事实。进行良种引进选育，提升良种覆盖率是病害防治的有效措施。

（三）生产过程缺乏规范和标准

人均水面少、生产规模小，千家万户分散式养殖和独立经营是安徽省养殖水产最显著的特点，无论是购进生产资料、养殖过程还是销售水产品，绝大部分是一家一户单独进行，养殖过程简单粗放，生产的水产品都以原始初级产品的形式进入市场，"十三五"期间乃至更长时间仍然需要面对这种情况，分散经营的总体局面不会发生根本性的改变。

养殖模式采用的都是多品种混合养殖，生产管理都是按固有的传统方式进行，随意性很大，大部分没有制定或不知道标准化生产程序。有部分养殖企业将健康养殖标准、操作管理程序整齐地挂在办公室的墙上，档案柜里建有养殖档案、生产记录和日志，记录了放养品种、数量、饵料种类、水质变化、鱼体生长、疾病、用药等内容。但多数并非日常生产时的及时记录。因此，从养殖容纳量、营养需求以及养殖自身污染等环境生态的角度出发进行病害防控，强化标准化的健康养殖和落实有效的技术服务任重道远。

（四）病害防控制度、设施建设停滞，技术落后

长期以来，安徽省水生动物防疫工作资源配置与制度建设严重不足，水生动物疫病防控顶层设计不够，制度不完善，带来体制不顺，机制不畅，工作推进困难，很多工作难以开展，与全省水产养殖规模严重失衡，和水生动物防控需求相距甚远，与同为养殖业的畜牧业相比差距很大。水生动物防疫机构、技术力量严重缺乏，县级防疫站职能不明确、任务不明确、管理不明确、经费无保障，大部分不能正常开展工作，不能发挥在水生动物防疫工作中的技术支撑作用。

水产养殖防疫技术数量少、水平低、应用慢是安徽渔业生产的现实，截至目前安徽尚无能够推广试验的原创技术。渔技推广体系在多次改革中受到很大冲击，基层乡镇农技推广机构撤并，人员编制压缩精简，优质安全技术的试验示范、推广等活动难以组织开展，新知识、新品种、新技术、新产品的扩散渠道不畅，即便有一些好的做法，也因体制、经费等问题，差距最后"一里路"而无法实施。

（五）渔民科学文化水平低

渔业行业小，社会重视程度低，养殖生产比较效益的逐年走低，从事渔业生产的养殖户老弱妇幼，文化素质低的人员偏多，他们接受新知识、新技术的意识差，能力弱，目前，安徽省渔业从业人员 70.8 万人，其中从事水产养殖的有 25.5 万人，占 36%。平均受教育年限不足 5.5 年，在渔业劳动力中，小学文化程度和文盲半文盲占 30.2%，初中文化程度占 53.7%，高中以上文化程度仅占 13.6%，系统接受渔业职业教育的劳动力占 2.5%。水产养殖是一门跨学科的专业，不仅需要养殖者的辛勤劳作，还需要其掌握一定的知识来进行生产管理和病害防控。

二、水产养殖主要疾病及造成的经济损失

（一）全省水生动物主要疾病发生的基本情况

2014 年全省养殖水生动物疾病测报养殖品种 13 个，为草鱼、鲢、鳙、鲫、鲤、黄颡鱼、团头鲂、鳜、泥鳅、黄鳝、中华绒螯蟹、日本沼虾、中华鳖。结果表明大宗养殖品种发病季节、发病率、死亡率有较强的规律性，每年 5—9 月是发病的高峰期。养殖水生动物疫病造成草鱼的年平均死亡率为 26.6%、鲫为 15.8%、鲢为 10.2%、中华绒螯蟹为 2.6%、中华鳖为 12.3%。

因放养密度、水温变化和投入饲料、草料数量的不同，池塘生态环境处于动态变化之中。放养密度大，夏秋季水温高，养殖水体的水质会随残存的饲料及代谢物的增加发生变化，通常是向富营养化方向发展，水质恶化将引起养殖水生动物各类疫病发生、发展和流行。多年来，养殖水生动物发病时间和出现的病种表现出一定的规律性。图 1 是 2014 年 1—12 月逐月发生疫病出现的病原种类数，其他年份发生疫病的统计情况也大致如此。

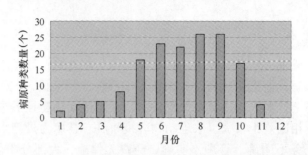

图1 2014年养殖水生动物疫病逐月出现病原种类数量

据发生疫病的种类统计，2014年测报的养殖品种发生疫病种类以细菌性疾病为主，占56.6%，其次是寄生虫病，占30.0%，第三是真菌性和病毒性疾病，分别占6.7%和6.7%（并发症以独立病种分别统计，病因不明的病样，保存后作实验室分析鉴定，不作病种统计），见图2。

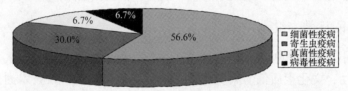

图2 2014年全省养殖水生动物疫病出现病原种类比例

比较各养殖品种疫病发生的情况，以草鱼、斑点叉尾鲴、鲫、鲢、鳙、团头鲂、黄鳝、中华鳖发生疫病种类最多，其次是中华绒螯蟹、日本沼虾。细菌性疫病造成养殖水生动物的死亡占总死亡率的81.5%，依次是病毒性、寄生虫和真菌性疫病，死亡率分别占9.2%、6.7%、3.6%（图3）。

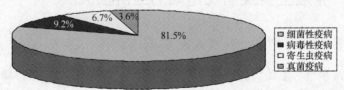

图3 2014年各类疫病病原引起死亡占总死亡率的比例

（二）主要养殖品种的发病情况

1. 草鱼疾病

草鱼是安徽省养殖的主要品种，养殖量最大，2014年产量40.3万吨，占养殖鱼类产量的25.2%，全年发生草鱼疾病8种，其中草鱼病毒性疾病1种、细菌性疾病3种、真菌性疾病1种、寄生虫病3种，从图4可以直观地看出草鱼疾病发生率、死亡率的月度变化趋势，5月份，草鱼各种疾病发病率之和达26.1%，6月份，草鱼各种疾病发病率之和达 37%，7 月份，草鱼各种疾病发病率之和达 37.5%，8 月份的发病率最高，各种疾病发病率之和达 72.4%。8 月份草鱼死亡率也最高，达 9.5%。

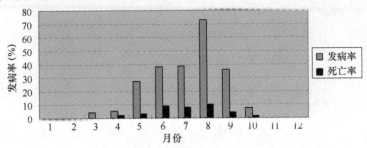

图 4　草鱼发病率和死亡率月度走势

在草鱼发生的所有疫病当中，以草鱼出血病和淡水鱼细菌性败血症的发病率和死亡率为最高，危害性最大；细菌性肠炎病、烂鳃病、赤皮病次之；寄生虫病最低。但在发病高峰期，常见的是并发症，即一条病死鱼体上能见到多种症状，既有出血病症状，又有烂鳃病、赤皮病或（和）寄生虫病等症状，实验室内也能分离出多种病原体。

草鱼的"出血病"和草鱼"三病"仍然是草鱼的主要流行病，几乎贯穿整个养殖过程，其中 5—8 月"出血病"发病率分别达到 10.5%、11.3%、18.8% 和 32.4%；"三病"的发病率分别达 12.10%、12.50%、13.1%、26.7%（图 5 和图 6）。

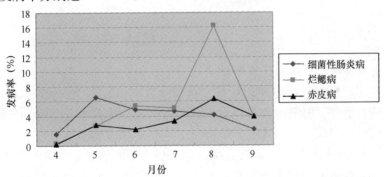

图 5　草鱼"三病"月度发病率

2. 鲫疾病

鲫是安徽省广泛养殖的品种，2014 年产量 19.4 万吨，占养殖鱼类总产量的12.1%。测报统计，4—9 月均有疫病发生，主要疫病有 4 种，分别为淡水鱼细菌性败血症、细菌性肠炎病、水霉病、锚头蚤。淡水鱼细菌性败血症 5—9 月均有发生，各月发病率为 4.9%、15.6%、26.4%、28.6%、14.3%，7 月部分监测点最高发病率达到47.1%；锚头蚤从 4—9 月整个生长季节均有发病，5—8 月的发病率分别达 17.4%、23.2%、28.2%、12.3%（图 7）。

对于鲫来说，淡水鱼细菌性败血症是一种发病率较高、危害性较大的病种，鲫造

181

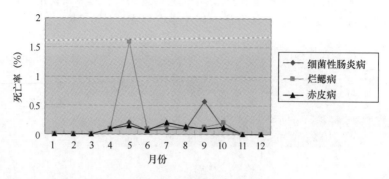

图6 草鱼"三病"月度死亡率

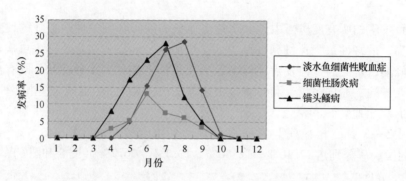

图7 鲫寄生虫、细菌性疾病月度平均发病率

血器官坏死症也是今年发现的危害鲫的重大疾病，锚头鳋和细菌性肠炎病是伴随整个养殖季节的疫病。但市售预防和治疗淡水鱼细菌性败血症和杀虫类的商品渔药较多，只要积极预防、治疗，由细菌和寄生虫引起的鱼病死亡率并不是很高，但鲫造血器官坏死症导致的死亡率很大，如其中合肥市长临渔场从江苏泗洪县引进中科三号鲫鱼鱼种，7月初出现大面积发病，最高死亡率高达70%，诊断结果是鲫造血器官坏死症。

然而，安徽省鲫苗种大多数是自行繁育，多代混交，生长速度明显减慢，抗病力弱，养殖季节一旦发病，大剂量交替使用抗生素现象十分普遍，甚至为提高繁育苗种的成活率，使用违禁药物的行为仍然存在。农业部水产品产地抽检和城市例行监测检验，氯霉素、硝基呋喃类、孔雀石绿等每年均有检出，而且市场例行监测的检出率平均高出产地抽检3.8倍。

3. 鲢、鳙疾病

鲢、鳙是养殖的大宗品种，池塘、河流、湖泊、水库、网箱等水体均有养殖，养殖范围广，2014年产量81.6万吨，占养殖鱼类总产量的51.03%。测报统计，发生疫病6种，主要危害鲢的为淡水鱼细菌性败血症、锚头鳋病、中华鳋病、水霉病、打印病，危害较大的淡水鱼细菌性败血症，6—9月的发病率最高，在部分测报区的最高发病率达40.6%，也有监测点报道鲢打印病5月最高，发病率超过10%（图8和图9）。

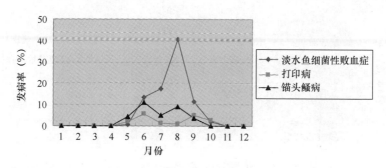

图 8 鲢、鳙月度发病率

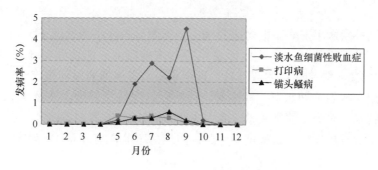

图 9 鲢、鳙月度死亡率

4. 斑点叉尾鮰疾病

斑点叉尾鮰是安徽省网箱与池塘养殖加工出口的重要品种，由于该品种引进国内养殖已近 20 年，国内如"四大家鱼"的高密度养殖，以至于该品种从鱼种到商品鱼都能较为容易地感染疾病，由于美国进口量下降，2014 年全省养殖面积和产量缩小很多，养殖产量 1.74 万吨。测报疫病 6 种，为淡水鱼细菌性败血症、鮰类肠败血症、烂尾病、打印病、细菌性肠炎病、锚头鳋病。最为严重的疾病为淡水鱼细菌性败血症、鮰类肠败血症、烂尾病、打印病，3 月份开始一直到 10 月底均有发病，严重时养殖的鱼种和商品鱼死亡 80% 以上。淮南市焦岗湖水产养殖公司斑点叉尾鮰养殖户，4 月份就有养殖的商品鱼发病；舒城县的万佛湖网箱养殖斑点叉尾鮰，病鱼中淡水鱼细菌性败血症、鮰类肠败血症出现率为 75%、60%，最高死亡率达 70%，肥东县长临渔场一养殖户养殖的鱼种 3—4 月份因烂尾病，死亡率几乎达 100%（图 10）。

5. 中华绒螯蟹疾病

中华绒螯蟹是安徽省最为重视也最值得骄傲的养殖品种，池塘养殖中华绒螯蟹最为集中的地区是当涂县、无为县和宣州区，2014 年产量 11.26 万吨，占养殖水产品总产量的 4.8%。测报病种 7 种，分别为河蟹颤抖病、黑鳃综合征、烂肢病、肠炎病、腹水病、纤毛虫病、蜕壳不遂症，其中病毒病 1 种，细菌性病 4 种，寄生虫病 1 种。黑鳃

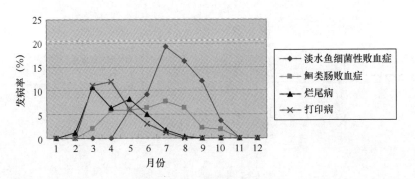

图10 斑点叉尾鮰月度发病率

综合征等细菌性疾病年发病率平均达15.6%，河蟹颤抖病平均发病率5.7%，较往年降低很多，此病发病率降低的主要原因是养殖方式的改变。池塘养蟹8月发病率最高，平均发病率达22.4%（图11和图12）。近年来安徽省池塘养殖河蟹疾病发病率逐年下降，说明采用大池塘、种水草、移螺蛳、稀密度，保持良好的生态环境和水体环境的池塘养蟹新技术，对降低河蟹发病率起到积极的作用。不容忽视的是，某出口企业抽取样品送至安徽省进出口检验检疫局监测，出现白斑综合征（WSD）阳性。

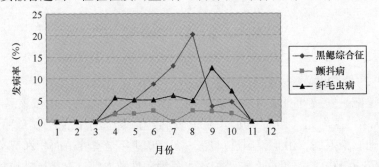

图11 中华绒螯蟹主要疾病月度发病率

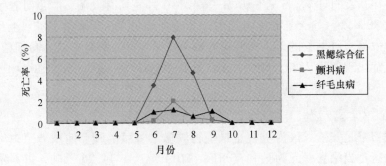

图12 中华绒螯蟹主要疾病月度死亡率

184

6. 克氏原螯虾疫病

克氏原螯虾常见病为体表附着纤毛虫，但 2014 年 5 月下旬开始，每月都有监测点报道有克氏原螯虾疾病发生，甚至个别监测点上报有较大面积养殖克氏原螯虾发病，据现场调查发现，发病的克氏原螯虾表现为螯足无力、行动迟缓、反应迟钝、静卧于水草表面或池塘边的浅水区，解剖可见肠壁薄，肠道无食，肝脏颜色变深、黑鳃并有污物，疑似白斑综合征（WSD），与近邻南京市江宁区发生的克氏原螯虾白斑综合征类似。因此各地要认真做好克氏原螯虾的疫病监测工作，制定好应急预案，做到有病早治，无病早防。

（三）水生动物疫病造成的危害和经济损失

2014 年安徽省病害监测面积 22.2 万亩，占全省池塘养殖面积的 7.2%。其中鱼类疫病监测面积 18.4 万亩，甲壳类疫病监测面积 2.5 万亩，爬行类及其他类型养殖疫病测报面积 1.3 万亩。对全年测报的疫病发病率、死亡率、死亡数据进行统计分析，监测点统计死亡水产品 1 620.65 万千克，经济损失 20 650 万元（表 1）。

表 1　全省监测点疫病损失情况统计

种类（测报）	年死亡率（%）	死亡重量（万千克）	经济损失（万元）
草鱼	26.6	804.22	9 650.64
鲫	15.8	242.86	3 400.04
鲢鳙	10.2	559.61	4 476.9
斑点叉尾鲴		0.76	14.4
中华绒螯蟹	2.6	14.58	1 714.65
克氏原螯虾		2.63	65.75
黄鳝	1.2	0.85	51.0
中华鳖	12.3	10.64	1 276.62
总计		1 620.65	20 650

其中草鱼的损失额最大，占总损失额的 57%，鲫占 21%、鲢鳙占 16.9%、中华绒螯蟹占 3.1%，其他测报品种损失额占 2%。据表 1 推算全省养殖水生动物年死亡量约为 6.5 万吨，经济损失 7.65 亿元，加上黑鱼、鳜、泥鳅、黄颡鱼、日本沼虾等养殖品种发生疫病的死亡量，安徽省养殖水生动物因疫病死亡，全年经济损失额应在 8.0 亿元以上。

三、采取的主要防控措施

安徽地处中部地区，襟江带淮，是全国重点渔业产区，养殖历史悠久，改革开放以后，由于过度捕捞、水域污染、水利工程建设等原因，导致鱼类天然群体的生态环境发生剧变，水生动物的天然资源已遭严重破坏并趋枯竭。隔离、破碎及恶化的生态环境，使全省本来非常丰富的天然渔业资源遭受严重威胁。池塘、网箱以及中小水体高密度集约化养殖都会发生疾病。渔业行政、技术推广部门在新常态下，认真研究，依据《中华人民共和国渔业法》《中华人民共和国动物防疫法》《水生动物防疫检疫工作实施意见》等法律法规，完善水生动物疾病控制和鱼病防治站建设，提升病害检测装备能力，在关键环节落实对养殖水质、苗种、饲料、管理等方面进行病害防控技术服务，以应对突发重大动物疫病的处理能力，减少渔业病害损失。安徽省采取的主要措施有以下几方面。

（一）推动水产健康养殖和病防基础设施建设

2014年省农委渔业局在当涂、芜湖、铜陵、庐江、巢湖、宜秀6个县（市、区）开展健康养殖示范县创建试点，整县推进实施健康养殖，新创建了88家部级健康养殖示范场，开展全国现代渔业种业示范场创建活动，引导扶持水产良种企业向"育繁推"一体化、规模化发展。继续推动41个县级病防站为实验室建设，进行重大水生动疫病监测和常规病害诊断及养殖水体水质分析，全省有35个县站安装了36套鱼病远程诊断设备，在颍上、怀远、当涂、舒城、芜湖等13个县级病防站开展远程诊断，累计诊断疾病病例1 690多例，上传病例378例商请专家会诊。推动省市级水产病害专家平台的搭建工作。逐步完善以省水产技术推广总站为核心，以各市水产技术推广中心站为基础，以县级水产技术推广站（重点以在建或已建的41个县级鱼病防治站）的技术人员为骨干的病害防治体系，强化全省水产养殖疫情监测和病害防治实验室硬件及软件建设，进一步完善监测、测报网络。

（二）加强渔业资源和种质资源保护

加强养殖水域环境的保护和养殖水体水质的维护。在长江安徽段及巢湖、太平湖等湖泊、水库、河流等水域实施禁渔制度。8月份开展了为期一个月的清理整治违规渔具专项行动，成效明显。在长江、淮河、巢湖等各大水域共组织放流经济鱼类苗种3.44亿尾，总投入3 400余万元，较2013年分别增长22.9%和30.8%。新增3家国家级、1家省级水产种质资源保护区，全省水产种质资源保护区达到33个，其中国家级20个，省级13个。加强与环保部门配合，进一步加强水生生物资源及其生境保护，严格环境影响评价管理，有效推进涉渔工程生态补偿机制的建立。

（三）开展病害监测测报、预报预警及诊疗服务

16个市50多个县（区）参加病害测报、预报预警，"十二五"期间累计登记备案的监测点445个，累计监测面积172.2万亩，其中鱼类疫病监测面积146.4万亩，甲壳类疫病监测面积20.5万亩，爬行类及其他类型养殖疫病监测面积5.3万亩。累计上报测报报表1 780份，预报表1 610份，其中市站报表455份，省总站上报报表35份，并

在安徽渔业网发布 17 期。

《国家水生动物疫病监测计划》"十二五"期间下达安徽省鲤春病毒血症（SVC）监测任务 310 个样品，锦鲤疱疹病毒病（KHVD）65 个，草鱼出血病 50 个。共采集鲤样品 42 500 尾，锦鲤、金鲫 9 750 尾、草鱼 7 500 尾塑料袋充氧包装分别送相关单位检测，SVC 出现 2 例阳性、KHVD 出现 5 例阳性、GCHV 全部为阴性。监督阳性样品采取严格消毒、暂停销售措施。

每年 4—10 月预警提醒水生动物病害关注区域和品种，提出预防措施。当涂县、宣州区、颍上县等派出测报员驻点，测报员在现场诊断测报过程中，积极帮助监测点上的养殖企业进行病害防控，许多养殖户非常信赖测报员，多名测报员被市、县农委作为"服务三农"典型通报表扬。

（四）强化技术培训和用药管理

积极开展多层次培训活动，全省"十二五"期间共举办各类病害防治技术培训班 240 余次，其中省总站举办 2 次，对从事病害测报和病防工作人员的基础知识、现场诊断、病害特征、检测方法、防治方法、测报指标、测报数据处理等内容进行专门的培训，提高技术人员、养殖企业的病害诊断和防治水平。应用先进的防疫、防病技术，全面推进水生动物病防工作的开展，宣传、推广、应用水生动物免疫技术，如草鱼病毒性疾病、常规鱼类暴发性疾病、斑点叉尾鮰重大疾病、中华鳖重大疾病疫苗及接种技术应用，推进微孔增氧和微生态制剂调节、控制养殖水体生态条件等技术的应用等。促进养殖单位、养殖户减少用药量，避免其不按规定用药或使用违禁药物（包括禁用抗生素、激素等）来控制疫病。

四、发病趋势分析或研判

全省池塘、网箱以及中小水体高密度集约化养殖，导致几乎所有的养殖品种和养殖方式都有疾病的发生。据 10 年的测报统计，水生动物养殖疾病的病种 32 种，其中病毒性疾病 5 种，细菌性疾病 15 种，寄生虫疾病 7 种，真菌性疾病 2 种，其他疾病 3 种。我们认为在草鱼市场价格下滑的情况下，养殖者会减少单位面积放养量，但草鱼"三联"或"四联"疫苗没有大面积推广开来以前，草鱼疾病依然严重；鲫的淡水鱼细菌性败血症会继续严重发生，而鲫的孢子虫病以及今年出现的鲫造血器官坏死症将会蔓延和扩大危害范围；克氏原螯虾和中华绒螯蟹的白斑综合征检测，阳性出现率显上升趋势，值得严重关注；随着人工颗粒饲料喂养大口黑鲈、黄颡鱼技术的突破，养殖量和养殖密度逐年加大，较为严重的细菌、寄生虫性烂鳃等也会随之而来，造成鱼种和成鱼的重大损失；斑点叉尾鮰国内市场回暖，养殖量加大，病毒性疾病以及鮰类肠败血症会"卷土重来"；重大鳖病毒病、早春、晚秋季节的细菌性疾病也将继续危害鳖的养殖生产；鳝的淡水鱼细菌性败血症、体内寄生虫病以及鳅鱼苗期的寄生虫病会困扰重要的生产环节。原因如下。

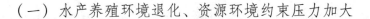

（一）水产养殖环境退化、资源环境约束压力加大

安徽省境内共有大小河流、沟渠 2 000 多条；大小湖泊、水库 580 多个，60% 的河流、52% 的湖泊受到不同程度的污染，其中淮河水系 73.5%、长江水系 44.6% 受到不同程度的污染。巢湖曾和滇池一样被列入全国污染最严重的湖泊，高邮湖安徽境内每隔 3~5 年就会发生一次重大渔业污染事故，据水化学分析，污染物为二甲苯类化合物。2015 年 7 月份皖北地区的天井湖、沱湖污染事件，9 万余亩水面遭受污染，致使渔民损失惨重。

据省环保厅监测数据，2014 年全省排放 18.75 亿吨工业和城市综合废水，大量未经任何处理或未达到处理标准的工业废水和城市生活污水直接排放到江河湖库中；全省氮肥年使用量 170 多万吨，各种农药使用量超过 1.5 万吨；现有集约化大中型猪、奶牛、鸡养殖场 400 多家，日排粪尿及冲污水 3.5 万吨，年排近 1 300 万吨，加之农村人口的粪尿及生活废水日排放量 8.2 万吨，每年也不低于 3 000 万吨，年总氮排放量 2 650 吨，总磷排放量 550 吨，这其中 65% 以上未经过任何处理就直接进入自然环境中，农作物秸秆年产量 2 800 万吨，60% 未被有效利用而随处堆放，造成沟渠河流受到不同程度的富营养化和污染问题。严重影响渔业的生态安全。"十二五"期间省渔业环境监测中心每年平均分析、鉴定、评估 10 万元以上的渔业污染事故 43 起。

桐城市对 124 个农村河流、湖泊、池塘水体卫生监测表明，其细菌指标合格率仅为 8.81%。巢湖流域的监测表明，农村居民户人均日用水量为 29~35 升，COD、TN 和 TP 的人均排放负荷分别为 29.1 克/天、0.4 克/天和 0.46 克/天。

全省共有农药生产企业 118 家，2013 年生产农药原药 29.5 万吨，杀虫剂占 42.77%，杀菌剂占 16.07%，除草剂占 34.10%，卫生杀虫剂占 6.55%。飞速发展的工业"三废"物质以及过量使用农药、除草剂在雨水的"帮助"下，会排入水塘、河沟、江湖等水域。此外水产养殖本身对环境的负面影响也不容小觑，池塘养鱼、网箱养殖、围栏网养殖、中小水体的增养殖，每年使用大约 70 万吨不同类型的颗粒饲料，如按干物质换算，这些饲料中大约有 65% 的物质以不同形式进入水体，而目前的养殖用水可以不加任何处理即可排放。可是渔业水域至今没有开展系统性的生态环境监测，重要的渔业水域水质也没有动态的检验检测，水质资料很少。

（二）繁殖群体种质资源与苗种质量管理缺失

2014 年 9 月全省进行一次调研，走访调查了 5 家省级水产良种场，7 家苗种繁育单位，结果是草鱼、鲢、鳙亲鱼平均生产使用年限 6.5 年，青鱼平均使用年限 8 年。其中有 8 家繁殖场亲鱼是在池塘自行套养出来的，初始繁殖的平均体重：鳙 3~4 千克，鲢 5~6 千克，草鱼 5~6 千克，亲鱼 8~9 千克；12 家繁育场的鲫、团头鲂、鳖繁殖亲本均取自自行养殖的商品鱼，基本没有引种更新或选育；鳜、日本沼虾亲本一般取自养殖场周边的大中型水域，只要得到性成熟，就作为繁殖亲本使用；中华绒螯蟹苗种采用省内选择亲蟹，与沿海地区合作繁育，到大眼幼体阶段，经淡化后运回培育，此类市场行为，科技与政策参与度极低。省级良种场的各种检测也只是走走过场，多数申报获批的良种场主要目的是取得为数不多的财政项目补贴和市场竞争优势。即便如此，省级良种场水产苗种场总量的 13.5%，苗种遗传改良率只有 32%，生产条件差，技术力量弱，亲本质量不能保障。繁育设施简陋的小场占了 86.5%。造成上述情况的主要原因是：良种繁育基础条件较差，育种研发能力弱，管理制度不配套，种质检测工作滞后。

（三）传统养殖模式、实用技术没有重大改变和突破

近年来，通过龙头企业或公司＋农户形式可以有效带动水产品的标准化生产，在品牌商标、产地、良种、病害防治统一标准和技术服务，促进养殖操作技术规范的执行。然而多品种混合养殖，生产管理都是按传统方式进行，大部分没有制定或不知道标准化生产程序的局面短时间内不会改变。因此，从养殖容纳量、营养循环、病害防控以及养殖自身污染等环境生态的角度，强化标准化的健康养殖，按照良好农业生产规范进行养殖，技术部门落实有效的技术服务任重道远。此外，技术成果数量少、水平低、应用慢是内陆渔业生产的现实，新知识、新品种、新技术、新产品的扩散渠道不畅。

（四）水产养殖用药管理缺失

据调查，2014 年全省每年抗生素类、消毒剂类渔药使用量 1.02 万吨，价值 1.2 亿元，各类调水剂、底质改良剂、微生物制剂等使用量达 2.0 万吨，价值 1.0 亿～1.5 亿元。池塘养殖水面平均每亩渔药施用量达 7.3 千克，其中抗生素类药物平均每亩施用量 3.2 千克，消毒剂类平均每亩施用量 4.1 千克，如此巨大的抗生素类和化学、微生物制剂的使用量，会对产地生态环境、产品质量安全以及微生物的耐药性产生较大影响，药物残留有可能通过食物链影响人类。2012 年调研，随机抽取合肥市和池州市的 2 家养殖单位和 5 家渔药经销商店 30 样品，经过国家兽药基础信息查询系统查证，其中：有 7 个已经注销，有 5 个已过 5 年有效期，2 个商品名称不符，2 个无法查证，仅有 10 个信息完全一致，符合率仅占 37.0%。加强对渔药市场及使用环节的管理和检验检测刻不容缓。

（五）渔用高质量饲料研发与使用能力弱

省内大小饲料生产厂家 163 家，多数为综合性生产厂，水产饲料专业生产厂仅一家，全省年颗粒饲料使用量达 74 万吨，产值 25 亿元（包括外省销售来的饲料）。其中鱼类饲料 65.42 万吨（包括大宗鱼类、黄颡鱼、黑鱼、黄鳝、泥鳅等品种），中华绒螯蟹颗粒饲料使用量 4.1 万吨，龟鳖饲料使用量 3.02 吨，虾类颗粒饲料使用量 1.0 万吨、蛙类虾类颗粒饲料使用量 1.0 万吨。饲料添加剂使用量 0.65 万吨。

连片精养鱼塘亩平均饲料使用量 0.88 吨，省重点渔业养殖基地，省部级健康养殖示范场，亩平均饲料使用量 1.3 吨，中华绒螯蟹养殖亩平均饲料使用量 0.16 吨，总体

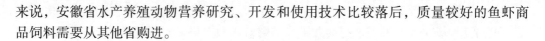

来说，安徽省水产养殖动物营养研究、开发和使用技术比较落后，质量较好的鱼虾商品饲料需要从其他省购进。

（六）水产行业科学文化水平提高有限

安徽省整个行业缺乏高层次科技和管理人员，缺少掌握高新技术善于培育产品更新技术的科技人员，行业缺乏对信息的搜寻、加工、整理和利用能力，不了解、不遵守产品安全相关的法律、法规和标准，凭经验进行生产是安徽省水产养殖的现实。

五、水产养殖病防服务工作建议

（一）加强水生动物防疫工作的顶层设计，加强水生动物防疫法规制度建设

理顺体制，健全机制，完善制度，建立职能明确、分工合理、机构健全、队伍精干、经费保障、运转高效的水生动物防疫体系，明确各级渔业行政主管部门在水生动物防疫工作中的职能。强化省、县级实验室硬件建设和检测能力监督考核，制定符合水生动物特点和水产养殖实情的渔业官方兽医制度和水生动物疫情认定、报告、处置标准和方法。构建符合我国水产养殖实情的国家－省级－市级－县级－乡级（基层监测点、诊疗点、远诊网终端）－养殖户（手机终端、养殖户信息卡、联系卡）的六级水生动物防疫网络，丰富基层"毛细血管"，利用现代互联网技术解决服务渔民"最后一公里"的问题。

（二）推动水生动物病防队伍和县级试验室能力建设

水生动物疫病防控技术人员是承担水生动物疫病诊断、监测测报和防控工作的主要执行力量。安徽省现有病害防治站技术人员86人，乡镇一级水生动物防疫技术人员213人，需组织制定《全省水生动物防疫站建设规划》，以省鱼病防治中心为龙头，以县级病害防治站为基础，建立起一支专业的技术队伍，力争在"十三五"期间建成省级病害检测实验室，发挥其在疫病防控体系中的核心作用。完善体系，推动县级鱼病防治站实验室技术人员全员上岗，让仪器设备正常运行。制定水生动物疫病诊断、检测相关技术标准，用标准和制度推动水生动物防疫工作水平的提高。

（三）建立检验检测信息服务体系、开展了水生动物疫情应急防控工作

通过近年来的水生动物病害监测，部分地区发现了一些重大疫病阳性样品，在渔业主管部门指导下，探索重大疫情应急防控，对检测阳性样品的养殖场采取有效措施监控和处理大面积发病造成重大损失的病区管理方法，研究制定大面积养殖区域性疫病防控措施。利用互联网电子服务平台（物联网）或病害远程诊断服务网，建设统一的渔业环境、养殖生产、投入品质量、病害监测诊断结果等信息的收集、整理和发布系统，将养殖生产中的各环节连接起来，通过实现数据采集和交换，达到病防资源共

享、信息共用。

六、继续做好重大疾病专项监测、预警预报及诊疗服务工作

认真做好 SVC、KHVD、GCHV、WSD 等重大疾病监测工作、加强养殖病害监测能力与信息预警能力建设，构建水产养殖病害风险预警信息平台，进行产前生态环境安全保障、渔业水域和养殖用水水质状况的检测，在监测范围上，能够满足养殖户、养殖企业的需求，在监测能力上，能够满足国家、行业和地方对病害检测需要，形成覆盖渔业主要产区、重点产品、关键病害因子的养殖水生动物监测与风险预警体系。

2014 年江西省水生动物病情分析

江西省水产品质量安全检测中心

（田飞焱　张晓燕　欧阳敏）

一、监测方法

（一）测报点设置

由江西省水产品质量安全检测中心（江西水生动物疫病监控中心）（以下简称省中心）负责，以全省 30 个县级防疫站为测报主体，按照江西省水产资源的布局情况，将测报点设在各优势水产品产业区，平均每个县设 3 ~ 4 个测报点，共 95 个测报点，组成测报队伍。

（二）测报方式和测报时间

各有关县（市、区）确定测报点，并指定专人作为测报员，每月定期前往各个测报点采集数据，监测病害发生情况，采用目检和实验室检验诊断，确定病害种类与病害面积并将数据汇总，于次月 2 日前填写好上月水产养殖病害测报表报送省中心。2014 年病害监测数据为全年，重点为 4—10 月。省中心将全省各测报点数据汇总整理后准时向总站报送江西省水产养殖病害测报报表，基本做到了测报数据准确、详细，报表规范全面，报送及时。

（三）测报品种和监测面积

测报对象包括鱼类、甲壳类、两栖/爬行类、贝类 4 个类别 9 个品种，分别是：草鱼、鲢、鳙、鲫、黄鳝、鳜、鲴、鳗鲡、鳖、贝类、中华绒螯蟹。2014 年全省各测报点各监测品种监测池塘面积共计 65 400 亩，网箱养殖面积共计 5 300 亩，湖泊网围、滩涂养殖面积共计 96 700 亩，工厂化养殖面积 225 亩，共计 16.7 万亩。

（四）计算方法

发病率 = 发病面积/监测养殖面积，死亡率 = 监测养殖面积内某一种鱼类某一种疾病的死亡数量/监测养殖面积内某一种鱼类总放养数量，养殖密度 = 放养数量/放养面积，损失 = 平均死亡率×产量×价格×系数。

二、病害测报总体情况

（一）病害测报情况

2014 年，对覆盖全省 11 个地市的养殖水面进行了水产养殖病害监测，共监测到病害 35 种，其中病毒性疾病 4 种、细菌性疾病 14 种、真菌性疾病 2 种、寄生虫病 11 种、不明原因及其他疾病 4 种，其中细菌性和寄生虫类疾病占主要地位，分别占 40.0% 和 31.4%（图 1）。根据江西水产养殖病害测报数据统计，2014 年，江西省主要水产养殖种类主要病害情况见表 1。

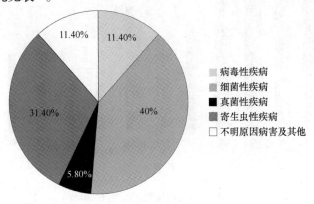

图 1　各种病害所占比例

表 1　2014 年江西省共测报到各种病害种类及分类统计

病原性质	种类名称	合计
病毒性	草鱼出血病、传染性脾肾坏死病、鳖鳃腺炎病、鳖红底板病	4
细菌性	烂鳃病、细菌性肠炎病、赤皮病、打印病、竖鳞病、爱德华氏菌病、溃疡病、柱形病、白底板病、腹水病、白皮病、淡水鱼细菌性败血病、红脖子病、疖疮病	14
真菌性	水霉病、鳃霉病	2
寄生虫	车轮虫病、指环虫病、小瓜虫病、固着类纤毛虫病、斜管虫病、锚头鳋病、中华鳋病、鲺病、孢子虫病、头槽绦虫病、棘头虫病	11
不明原因病害及其他	气泡病、脂肪肝、缺氧症、跑马病	4
合计		35

2014 年江西省水产养殖病害以生物源性疾病为主，其中又以细菌性疾病、寄生虫性疾病为重，这可能与我们目前的病害测报技术水平有关。在各监测品种中，草鱼、鲢、鳙、鳖等发生的病害种类较多（图 2）。江西省水产养殖品种发病时间主要集中在

4—10月，其中又以6—8月为发病高峰期，总体上病害种类随着气温、水温的增高而增加，这与高温时节病原生物大量繁殖、养殖生物生长旺盛导致残饵及排泄物增多、天气多变、水质易恶化等多种因素有关。

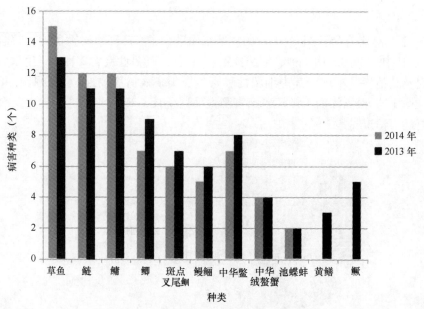

图2 各监测品种发生的病害种类统计

2014年各养殖品种的发病率、死亡率如图3和图4所示，从图3中可以看出各养殖品种的发病率差别较大，发病率最高的品种是草鱼，发病率为13.45%，在草鱼发生的所有疾病当中，病毒性和细菌性疾病的发病率和死亡率较高；其次是鲢、鳙。相比

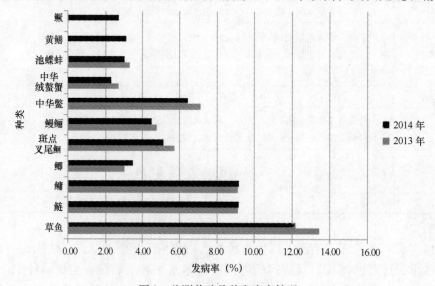

图3 监测养殖品种发病率情况

于 2013 年，除鲫发病率有所上升外，其余监测品种的发病率均有所下降或持平；从图 4 中可以看出各养殖品种的死亡率与 2013 年相比，除鳙、鲫有所上升外，其他养殖品种的死亡率均有所下降。

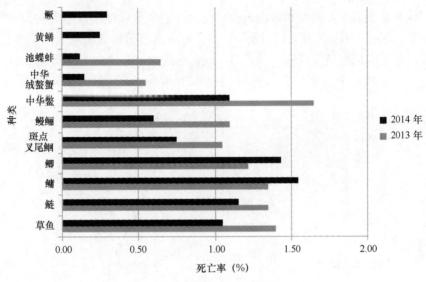

图 4　监测养殖品种死亡率情况

（二）监测品种病情分析

1. 草鱼

在草鱼发生的所有疾病当中，以病毒性和细菌性疾病的发病率和死亡率为最高，危害性最大，主要常见疾病是草鱼出血病和草鱼"三病"，即细菌性肠炎病、赤皮病、烂鳃病，几乎贯穿整个养殖过程，但在发病高峰期，常见的是并发症。全年最高发病率和死亡率出现在 8 月（图 5），当月南昌市、九江市等地区草鱼出血病、细菌性疾病

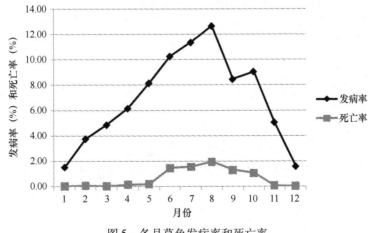

图 5　各月草鱼发病率和死亡率

195

和寄生虫病较为严重，局部地区发病率达到 15% 以上。从养殖方式上来看，发病率和死亡率由高到低的依次是：网箱、池塘、网围。

2. 鲢、鳙

鲢、鳙常见疾病主要是淡水鱼细菌性败血症、烂鳃病、细菌性肠炎病、赤皮病等。最高发病率出现在 7 月、8 月，这可能由于 7 月和 8 月部分地区雷雨天气较多，气压较低，水体溶氧量降低而诱发该病，导致出现较高的发病率和死亡率（图6）。

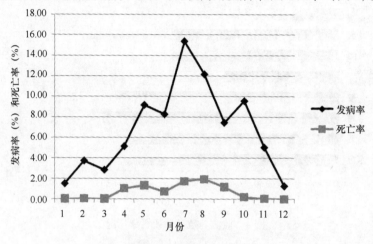

图6 各月鲢、鳙发病率和死亡率

3. 鲫

对于鲫来说，淡水鱼细菌性败血症是一种发病率较高、危害性较大的病种，锚头鳋病也是伴随整个养殖季节的疾病。测报结果显示最高发病率出现在 8 月，死亡率在 6 月、8 月出现两个高峰值（图7）。近年来在部分地区出现的异育银鲫发生鲫造血器官坏死症，发病区域死亡率较高，部分养殖池塘绝收。此病危害大，在江西省鲫鱼养殖区要尤为注意。

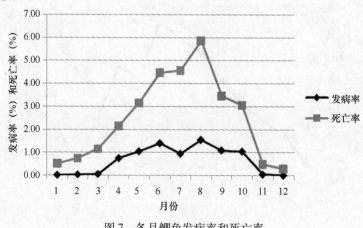

图7 各月鲫鱼发病率和死亡率

4. 鮰

斑点叉尾鮰常见疾病主要是鮰类肠败血症、迟缓爱德华氏菌病、细菌性肠炎病、打印病、小瓜虫病、孢子虫病等。病害测报结果分析显示斑点叉尾鮰发病率在 4 月和 10 月达到高峰值，4 月最高，为 6.45%（图 8）。死亡率一直保持在较低水平，发病区主要在万安县和峡江县。

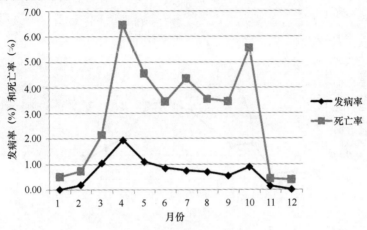

图 8　各月鮰鱼发病率和死亡率

5. 鳗鲡

鳗鲡的主要病害是小瓜虫病、指环虫病、固着类纤毛虫病、烂鳃病等，从监测结果来看，鳗鲡的发病率在 7 月和 8 月达到高峰值，8 月最高，为 6.65%；死亡率一直保持在较低水平（图 9）。发病区主要是铅山县和瑞金市。

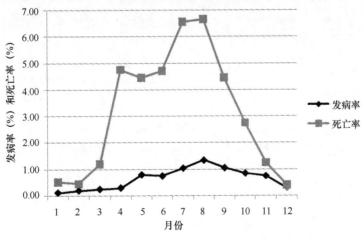

图 9　各月鳗鲡发病率和死亡率

197

6. 黄鳝

从江西省2014年的病害测报情况来看，共监测到黄鳝的病害有棘头虫病、淡水鱼细菌性败血症、细菌性肠炎病3种，其中细菌性肠炎病对黄鳝造成的危害比较大。发病率和死亡率较大的月份集中在7—9月（图10）。

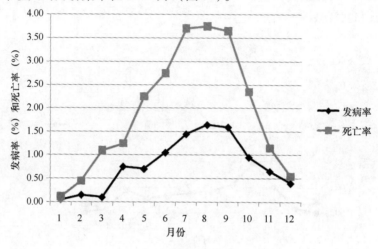

图10 各月黄鳝发病率和死亡率

7. 鳜

从江西省2014年的病害测报情况来看，监测到的鳜病害主要有传染性脾肾坏死病、烂鳃病、淡水鱼细菌性败血症、小瓜虫病、斜管虫病、孢子虫病等（图11）。

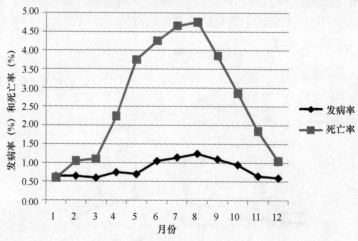

图11 各月鳜鱼发病率和死亡率

8. 鳖类

监测到的鳖类主要是红底板病、腮腺炎病、溃烂病、白底板病、红脖子病等，7—

8 月，由于气温较高的原因，综合发病率大幅上升达到最高峰；死亡率在 4—8 月维持在相对较高的水平，4—8 月也是鳖类的关键生长期（图 12）。

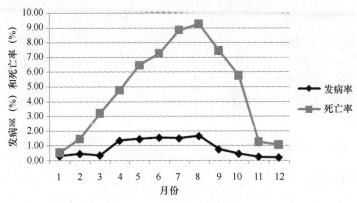

图 12　各月鳖发病率和死亡率

9. 中华绒螯蟹

从江西省 2014 年的病害监测情况来看，中华绒螯蟹主要病害有腹水病、细菌性烂鳃病、固着类纤毛虫病、水霉病等，养殖中华绒螯蟹 5 月发病率最高，为 3.55%，死亡率在 8 月达到高峰值（图 13）。近年来江西省养殖中华绒螯蟹疾病发病率维持在较低水平。

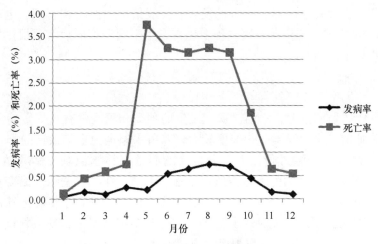

图 13　各月河蟹发病率和死亡率

10. 贝类

对于淡水养殖贝类的病害来说，目前了解甚少。贝类监测的有池蝶蚌和三角蚌，监测的病害主要是气单胞菌病、烂（黑）鳃病等。另外，还偶有病因不明的死亡情况。

三、疫病流行特点

2014 年，江西省监测的 11 个品种（类别）都不同程度地发生了病害，各监测品种的发病死亡率除个别品种外，其余监测品种均有所下降或持平，病害的危害程度有所降低，总体上江西省水生动物疫情状况较为平稳，未发生大规模疫情，保障了江西省水产养殖业健康、可持续发展。比较突出的问题是发生疾病的养殖种类增多，发生的疾病种类增多，发生疾病的区域增多，暴发性疾病增多。许多水生动物病害已由单一病原转变为多病原综合发病，同时一些新的疾病不断出现，不明病因的病害也逐年增多，造成病情控制难度加大，当前江西省的水生动物疫病防控形势依然严峻。

四、经济损失

根据病害监测的发病死亡率情况，以及江西省的水产养殖产量和 2014 年江西省水产品零售价格行情的不完全统计、测算，不将防治病害所用的药物费用计算在内，2014 年江西省水产养殖因疾病造成的直接经济损失为 5.97 亿元，其中鱼类、甲壳类的损失较高。与 2013 年相比（2013 年病害造成的直接经济损失为 6.46 亿元），2014 年水产养殖病害造成的直接经济损失减少了 7.58%。

五、2015 年病情预测及防控建议

根据近年来江西省水产养殖病害的发生、发展情况以及生产管理、生态环境的变化趋势，2015 年全省水产品在养殖过程中仍将发生不同程度的病害，根据历年病害监测情况，做出以下预测及防控建议。

（一）水温变化情况预测

根据历年病害监测情况，水温对疾病发生的种类和程度都有重要影响。1—3 月为江西省气温最低的月份，气温变化幅度较大，养殖水温也为全年最低的季节。4—6 月雨水较多；7—9 月为高温月份，大部分地区的养殖水体水温均在 28℃ 左右或以上，10—12 月，随着冷空气开始南下，养殖水温逐渐下降。江西省全年水温变化分为两个阶段，以鄱阳湖周边地区为例，3—7 月为升温期，这一时期水温比气温高 0.5 ~ 1.1℃；8—12 月为降温期，该时期水温比气温高 1.4 ~ 2.8℃。各地应根据水体实际情况观察判断，或进行实际测量，作为疾病预防控制的一个重要措施。

（二）不同季节的水质变化状况

1—3 月是江西省养殖水温全年最低的季节。此阶段水位偏低，池塘载鱼量较低，各种养殖水体状况总体良好。但此时要预防存塘鱼底层低温缺氧。

4—6 月处于春季和夏初，淡水池塘处于放苗和养殖初期，池塘鱼载量不大。此时水质较好，但气温偏差大，水温波动强力，要培肥水质，以抵御恶劣天气的变化，随着水温的上升和投饲的开始，各种病害开始危害鱼类。

7—9 月处于盛夏和秋初，气候变化剧烈，高温闷热、水温较高。此时池塘鱼载量较大，饵料投喂较多，水中氨氮和亚硝酸盐等较多，水质易变差；阴雨天时，水温下降较快，使得养殖水体上下层温差大，水体垂直交流加剧，缺氧及含氨氮和亚硝酸盐较高的底层水交换到中上层水体中，易造成鱼中毒和缺氧。

10—12 月处于秋季和冬初，在秋季池塘鱼出塘前，池塘鱼载量较大，饵料投喂较多，残饵及粪便也较多，水体中氨氮和亚硝酸盐含量仍然较高。进入 12 月，气温较低，除了少部分鱼类养殖外，其他大部分已出塘，少部分池塘加高水位后开始越冬。

（二）不同季节、不同区域的易感疾病预测

一季度：赣南、赣中、赣北所有淡水鱼养殖场，应关注水霉病的发生，赣南、赣中常规品种养殖区，应关注车轮虫病和指环虫病的发生。

二季度：赣南、赣中、赣北草鱼养殖区，应关注草鱼出血病、淡水鱼细菌性败血症的发生；赣南、赣中、赣北鲫、鲢、鳙养殖区，应关注淡水鱼细菌性败血症、细菌性肠炎病、烂鳃病、赤皮病的发生；江西片区的鳜养殖区，应关注传染性脾肾坏死病。

三季度：赣南、赣中、赣北草鱼、鲫、鲢、鳙养殖区，应关注淡水鱼细菌性败血症、细菌性肠炎病、烂鳃病和爱德华氏菌病的发生。

四季度：赣南、赣中、赣北所有淡水鱼养殖区，应关注车轮虫病、小瓜虫病、黏孢子虫病、指环虫病、中华鳋病、锚头鳋病和棘头虫病的发生。

（四）防控建议

每年 1—3 月为江西省最冷的季节，随着春季来临，未清塘池塘其内有机物及氨氮、亚硝酸盐累积较多，养殖水质状况为全年最差，因气温、水温低，鱼体密度相对低，溶解氧较高。做好放养前的消毒工作，一是要对各养殖池塘做好清淤消毒工作，以杀灭养殖水体中的寄生虫幼虫、虫卵和病原体，选冬季干塘的鱼池作为苗种培养池；二是对苗种进行消毒，在起捕、分塘放养春片鱼种过程中，要谨慎操作，避免鱼体受伤，放养前要对其进行药浴消毒；三是对工具、车辆及环境进行彻底消毒。

4—6 月雨季来临，特别是 4 月初小雨带来酸雨，加上土壤本身就是酸性土壤，养殖水体 pH 值普遍偏低；下雨前低气压导致养殖水体溶解氧偏低，会引发积累过多的氨氮和亚硝酸盐毒性增强；而且雨水的冲击给养殖水体带来更多的泥沙等杂物，使得养殖水体浑浊度增大，养殖水质状况易受影响。做好水质调控，注意换水、增氧，减少不良水质的影响。此季节，江西省的鱼苗人工繁殖开始进行，在鱼卵孵化过程中，要特别注意水霉病的发生，人工繁殖所用鱼巢和工具等，要浸洗消毒后使用；受精卵移入孵化池前，可用聚维酮碘溶液浸洗，不能使用禁用药物孔雀石绿。此阶段，在成鱼养殖池中，易出现一些寄生虫性疾病，可采用硫酸铜等药物进行治疗，要仔细测量好池塘平均水深，并做好随时能加注新水的准备。

7—9 月高温季节，水体饱和溶解氧下降，加上鱼的活动增强，摄食旺盛，水体中的各种生物活动、反应增强，从而易引发养殖水体缺氧，氨氮和亚硝酸盐等毒性物质易累积，水质变化大。在此生产关键季节，要加强池塘水质的监测工作，在池塘养鱼

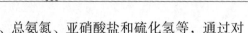

中必须监测的水质参数主要有 pH 值、溶解氧、总氨氮、亚硝酸盐和硫化氢等，通过对水质各参数的监测，了解其动态变化，及时进行调控，从而保持水环境的生态平衡。

10—12 月，气候多变使得养殖水体上下层温差大，水体垂直交流加剧，底部缺氧及含氨氮和亚硝酸盐较高的水交换到中上层水体中。加上冬旱来临，雨水偏少，养殖水体水温开始下降，养殖水质不利因素积累加剧。加强越冬期管理，调整越冬鱼的饲料配方（适当降低饲料蛋白质水平，保证氨基酸平衡和数量，提高维生素水平和适量的矿物质水平），控制合理的越冬密度，控制浮游动物数量，提早做好应对恶劣天气的防范工作，若下雪后要及时清理池塘的积雪等，保持水体深度，提高水体保温能力。

此外，日常管理中要掌握好投饲量，根据水温、天气以及吃食情况合理投喂；注意饲料的贮藏，保持饲料的鲜度，杜绝投喂霉变的饲料，可在饲料中添加复合维生素和免疫多糖等，以增加养殖对象的抗病力，推广免疫预防，如草鱼出血病可使用正规的疫苗进行免疫预防。在科学养殖管理中，一定要本着"养鱼在于养水、科学合理放养、以防为主"的原则进行养殖，保持良好的生态环境是其中的重要环节。

2014 年湖南省水生动物病情分析

湖南省畜牧水产技术推广站

（周文　彭好翌）

一、2014 年水产养殖病害监测总体情况

2014 年，湖南省共有长沙、株洲、湘潭、衡阳、邵阳、岳阳、常德、益阳、永州、郴州 10 个地区，45 个县级测报站、苗种场布点 113 个，开展了水产养殖动植物病情测报工作，监测面积 327 091 亩，比 2013 年增加了 2 986 亩，其中淡水池塘养殖面积 278 266 亩，淡水网箱养殖面积 48 825 亩。

对草鱼、鲢、鳙、青鱼、鲤、鲫、鳜、鲴、鳊、鲷、匙吻鲟、虹鳟、黄颡鱼、鳖、珍珠蚌 15 个养殖品种（表 1）进行 12 期的连续监测统计，共监测到 17 种病害：其中病毒病 2 种、细菌病 10 种、寄生虫病 4 种、真菌病 1 种，另有 8 个养殖品种发生不明原因的病害（表 2）；从不同性质病害的种类（图 1）来看，细菌病占到了 58%，寄生虫病占 24%，病毒病和真菌病则分别占 12% 和 6%。

表 1　2014 年监测到病害的水产养殖品种

类别	养殖品种	数量
鱼类	草鱼、鲷、鳜、鲴、鲫、鲤、鳊、鲢、鳙、青鱼、匙吻鲟、虹鳟、黄颡鱼	13
两栖爬行类	鳖	1
贝类	珍珠蚌	1

表 2　2014 年水产养殖病害种类及分类统计

疾病性质	名称	合计
病毒性	草鱼出血病、鳖鳃腺炎病	2
细菌性	细菌性肠炎病、淡水鱼细菌性败血症、烂鳃病、烂尾病、打印病、赤皮病、竖鳞病、鲴类肠败血症、鳖红脖子病、鳖穿孔病	10
真菌性	水霉病	1
寄生虫	锚头鳋病、车轮虫病、中华鳋病、小瓜虫病	4
不明病因及其他	鲷、鲫、鲤、鲢、鳙、青鱼、虹鳟、珍珠蚌分别出现不明病因死亡	8

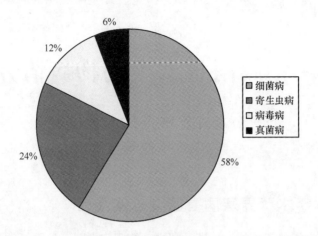

图1 不同性质病害种类所占比例

从月发病率、死亡率（表3）来看，2014年水产养殖发病高峰集中在4—10月，发病率5月最高，为15.61%；8月次之，为14.74%；1月则最低，为2.92%（图2）。死亡率8月最高，为0.098%；5月次之，为0.094%；同样1月最低，为0.014%（图3）。

表3 水产养殖种类各月发病面积、发病率、死亡数量、死亡率

月份	发病面积（亩）	发病率（%）	死亡数量（尾）	死亡率（%）	月份	发病面积（亩）	发病率（%）	死亡数量（尾）	死亡率（%）
1	9 564	2.92	52 269	0.014	7	39 118.3	11.96	323 939	0.086
2	23 536.1	7.20	256 851	0.068	8	48 202.8	14.74	367 306	0.098
3	28 376.3	8.68	264 409	0.070	9	44 314	13.55	330 915	0.088
4	31 057.3	9.50	313 089	0.083	10	40 321.4	12.33	302 904	0.080
5	51 050	15.61	353 129	0.094	11	25 838.9	7.90	191 424	0.051
6	45 427	13.89	278 915	0.074	12	24 319.7	7.44	102 056	0.027

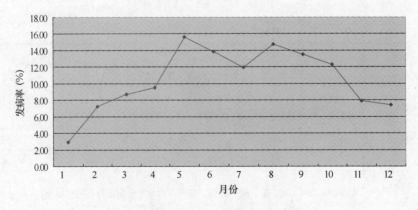

图2 水产养殖种类各月综合发病率

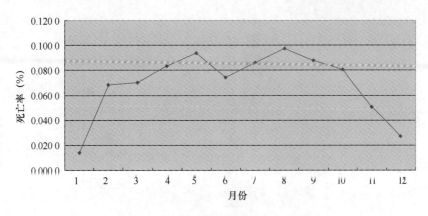

图 3　水产养殖种类各月综合死亡率

从各养殖品种全年的月平均发病率（表 3）来看，平均发病率最高的养殖品种为虹鳟，为 8.04%，鳖和草鱼次之，分别为 7.98% 和 6.76%；而鳜的平均发病率则最低，为 0.03%。

从各养殖品种的发病面积（表 4）及发病面积所占的比例（图 4）来看，发病面积最高的是草鱼，发病面积为 225 850.7 亩，占总发病面积的 54%；其次是鲢、鳙和鲫，发病面积分别是 117 788.7 亩和 40 313.2 亩，占到总发病面积的 29% 和 10%；其他养殖品种的发病面积则占总发病面积的 7%。

表 4　各养殖品种的平均月发病率

养殖品种	监测面积（亩）	全年发病面积（亩）	平均月发病率（%）
虹鳟	90	86.8	8.04
鳖	1 800	1 723	7.98
草鱼	278 266	225 850.7	6.76
匙吻鲟	150	66	3.67
鲢、鳙	268 054	117 788.7	3.66
鲫	186 437	40 313.2	1.80
青鱼	49 620	8 591.3	1.44
黄颡鱼	30	4.1	1.14
鲤	97 255	10 109.8	0.87
珍珠蚌	400	30	0.63
鲴	49 105	2 496.5	0.42
鳊	77 079	2 953.5	0.32
鲴	48 555	1 110	0.19
鳜	750	2.4	0.03

注：平均月发病率 =（发病面积/监测面积）/12。

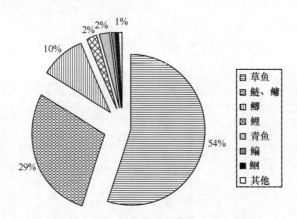

图4 各养殖品种总发病面积所占比例

从各养殖品种的全年月平均死亡率（表5）来看，鳖的平均死亡率最高，为0.58%，黄颡鱼和草鱼次之，分别为0.32%和0.27%；而珍珠蚌和鳊的死亡率则最低，均为0%。

表5 各养殖品种的平均死亡率

养殖品种	养殖量（尾）	全年死亡量（尾）	平均月死亡率（%）
鳖	650 250	45 175	0.58
黄颡鱼	1 488	58	0.32
草鱼	56 211 835	1 836 962	0.27
鲢鳙	42 508 862	789 047	0.15
虹鳟	1 352 000	19 072	0.12
鲫	11 208 945	106 467	0.08
匙吻鲟	2 561 000	9 074	0.03
鳜	8 989	31	0.03
青鱼	10 407 936	30 199	0.02
鲤	41 690 000	87 492	0.02
鲴	10 360 580	12 868	0.01
鲫	167 329 447	189 490	0.01
珍珠蚌	40 000	17	0
鳊	32 158 005	1 1254	0

注：平均月死亡率 =（全年死亡量/养殖量）/12。

从各养殖品种的死亡数量（表5）及其所占总死亡数量的比例（图5）来看，草鱼的死亡数量最大，为1 836 962尾，占到总死亡数量的59%，鲢鳙和鲫次之，死亡数量分别为789 049尾和189 490尾，占到25%和6%，其他养殖品种的总死亡数量占10%。

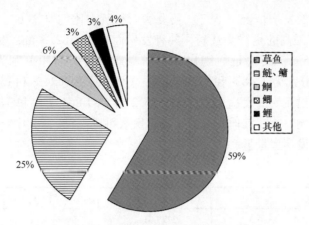

图 5　各养殖品种总死亡数量所占比例

从病害的发病范围（表6）来看，细菌性肠炎病的发病范围最广，监测到在草鱼、鲴、鲫等8个养殖品种中均有发病；淡水鱼细菌性败血症及水霉病均在7个养殖品种中发病；烂鳃病及锚头鳋病则在6个养殖品种中发病。

表 6　2014 年水产养殖病害分类统计

病害名称	发病养殖品种
草鱼出血病	草鱼
腮腺炎病	鳖
细菌性肠炎病	草鱼、鲴、鲫、青鱼、匙吻鲟、虹鳟、黄颡鱼、鳖
细菌性败血症	鲴、鳜、鲫、鲤、鳊、鲢鳙、黄颡鱼
烂鳃病	草鱼、鳜、鲫、鲤、鲢鳙、虹鳟
烂尾病	草鱼、鲢、鳙
打印病	草鱼、鲢、鳙
赤皮病	草鱼、青鱼
竖鳞病	鲤
鲴类肠败血症	鲴
红脖子病	鳖
穿孔病	鳖
锚头鳋病	草鱼、鲴、鲫、鲤、鲢、鳙、青鱼
车轮虫病	草、鳜、鲢、鳙、匙吻鲟
中华鳋病	草鱼、鲢、鳙、青鱼
小瓜虫病	草鱼
水霉病	草鱼、鲴、鲫、鲢、鳙、青鱼、匙吻鲟、虹鳟鱼
病因不明	鲴、鲴、鲤、鲢、鳙、青鱼、虹鳟、珍珠蚌

从各病害造成的发病情况（表7）及发病面积所占比例（图6）来看，监测到的17种病害中发病率最高的是锚头鳋病，共有发病面积99 782.5亩，发病率为2.54%，占总发病面积的25%；其次是烂鳃病和中华鳋病，发病面积分别为97 405.7亩和52 378亩，发病率分别为2.48%和1.33%，占总发病面积的24%和13%；水霉病、细菌性肠炎病和草鱼出血病的发病面积为47 586.2亩、39 864.7亩和34 095.3亩，比重分别为12%、10%和8%；其他病害的发病面积总和则占8%，其中鳖穿孔病、鲴类肠败血症、竖鳞病则发病率最低，均低于0.01%。

表7 各病害的平均发病情况

病害名称	养殖面积（亩）	发病面积（亩）	平均月发病率（%）
锚头鳋病	327 091	99 782.5	2.54
烂鳃病	327 091	97 405.7	2.48
中华鳋病	327 091	52 378	1.33
水霉病	327 091	47 586.2	1.21
细菌性肠炎病	327 091	39 864.7	1.02
草鱼出血病	327 091	34 095.3	0.87
淡水鱼细菌性败血症	327 091	19 836.5	0.51
烂尾病	327 091	5 580	0.14
打印病	327 091	2 711.1	0.07
车轮虫病	327 091	1 500.98	0.04
赤皮病	327 091	913.5	0.02
腮腺炎病	327 091	824	0.02
小瓜虫病	327 091	700	0.02
红脖子病	327 091	380	0.01
鳖穿孔病	327 091	26	0
鲴类肠败血症	327 091	25	0
竖鳞病	327 091	5.9	0

注：平均月发病率 =（发病面积/养殖面积）/12。

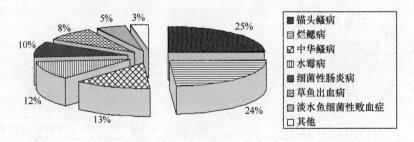

图6 各病害发病面积所占比例

从各病害造成的死亡情况（表 8）及造成死亡数量所占比例（图 7）来看，监测到的 17 种病害中烂鳃病造成的死亡率最高，为 0.014 9%，共造成 673 333 尾死亡，占总死亡数量的 23%；水霉病次之，造成 470 396 尾死亡，死亡率为 0.010 4%，占总死亡数量的 16%；中华鳋病、草鱼出血病和细菌性肠炎病分别造成 403 475 尾、398 851 尾和 398 262 尾的死亡，均占到总死亡数量的 13%；而鳖穿孔病和竖鳞病造成的死亡率则最低，均低于 0.000 1%。

表 8　各病害的平均死亡情况

病害名称	养殖量（尾）	死亡数量（尾）	平均月死亡率（%）
烂鳃病	376 489 337	673 333	0.014 9
水霉病	376 489 337	470 396	0.010 4
中华鳋病	376 489 337	403 475	0.008 9
草鱼出血病	376 489 337	398 851	0.008 8
细菌性肠炎病	376 489 337	398 262	0.008 8
锚头鳋病	376 489 337	388 132	0.008 6
淡水鱼细菌性败血症	376 489 337	101 730	0.002 3
烂尾病	376 489 337	36 023	0.000 8
打印病	376 489 337	32 786	0.000 7
小瓜虫病	376 489 337	32 500	0.000 7
鲴类肠败血症	376 489 337	30 000	0.000 7
腮腺炎病	376 489 337	20 720	0.000 5
车轮虫病	376 489 337	16 281	0.000 4
红脖子病	376 489 337	5 500	0.000 1
赤皮病	376 489 337	2 382	0.000 1
穿孔病	376 489 337	650	0
竖鳞病	376 489 337	35	0

注：平均月死亡率 =（死亡数量/养殖量）/12。

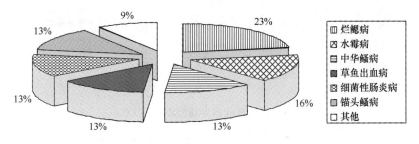

图 7　各病害造成死亡数量所占比例

二、主要养殖品种发生的病害情况

(一) 草鱼

监测面积 278 266 亩,养殖量 56 211 835 尾,发病面积 225 850.7 亩,造成死亡 1 836 962 尾,共监测到病害 11 种,其中:病毒性 1 种,细菌性 5 种,寄生虫病 4 种,真菌性 1 种(表9)。

表9　草鱼的发病情况

病害性质	病害名称	发病面积(亩)	发病率(%)	死亡数量(尾)	死亡率(%)
病毒病	草鱼出血病	34 095.3	1.02	398 851	0.06
寄生虫病	中华鳋病	29 875.8	0.89	223 684	0.03
	锚头鳋病	45 425.8	1.36	145 824	0.02
	车轮虫病	1 435.38	0.04	15 015	0.00
	小瓜虫病	700	0.02	32 500	0.00
细菌病	烂鳃病	48 474	1.45	412 344	0.06
	烂尾病	1 780	0.05	19 023	0.00
	赤皮病	726	0.02	2 090	0.00
	细菌性肠炎病	36 231.7	1.09	352 145	0.05
	打印病	20	0.00	750	0.00
真菌病	水霉病	27 086.7	0.81	234 736	0.03

草鱼各病害发病面积所占比例(图8)最高的是烂鳃病,发病面积 48 474 亩,发病率为 1.45%,占到草鱼总发病面积的 21%;其次是锚头鳋病,发病面积 45 425.8 亩,发病率 1.36%,占草鱼总发病面积的 20%;此外,细菌性肠炎病和草鱼出血病的发病面积为 36 231.7 亩和 34 095.3 亩,分别占到了总发病面积的 16% 和 15%。

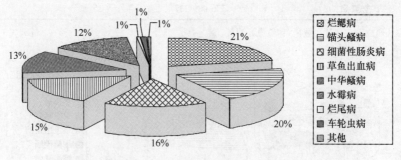

图8　草鱼各病害发病面积所占比例

从各病害造成的死亡数量所占比例(图9)来看,烂鳃病和草鱼出血病造成的死亡数量最大，分别是 412 344 尾和 398 851 尾，均占到总死亡数量的 22%；细菌性肠炎病造成 352 145 尾死亡，占到 19%；水霉病和中华鳋病分别造成 234 736 尾和 223 684 尾死亡，分别占 13% 和 12%。

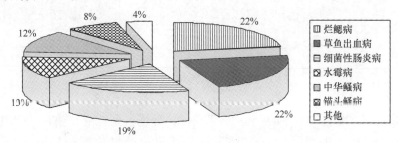

图 9　草鱼各病害造成死亡数量所占比例

（二）鲢鳙

监测面积 268 054 亩，养殖量 42 508 862 尾，发病面积 117 788.7 亩，造成死亡 789 047 尾，共监测到病害 8 种，其中：细菌性 4 种，寄生虫病 3 种，真菌性 1 种（表 10）。

表 10　鲢鳙的发病情况

病害名称	发病面积（亩）	发病率（%）	死亡数量（尾）	死亡率（%）
水霉病	14 219	0.44	112 252	0.02
烂鳃病	31 155.5	0.97	221 581	0.04
烂尾病	3 800	0.12	17 000	0.00
打印病	2 691.1	0.08	32 036	0.01
淡水鱼细菌性败血症	14 498	0.45	75 815	0.01
中华鳋病	15 993	0.50	156 770	0.03
锚头鳋病	28 260.6	0.88	139 851	0.03
车轮虫病	53.5	0.00	30	0.00
病因不明	7118	0.22	33 712	0.01

鲢鳙各病害发病面积所占比例（图 10）最高的是烂鳃病，发病面积 31 155.5 亩，发病率为 0.97%，占到鲢鳙总发病面积的 26%；其次是锚头鳋病，发病面积 28 260.6 亩，发病率 0.88%，占鲢鳙总发病面积的 24%；此外，中华鳋病、淡水鱼细菌性败血症和水霉病的发病面积为 15 593 亩、14 498 亩和 14 219 亩，分别占到了总发病面积的 14%、12% 和 12%，其他病害的发病面积则占 12%。

从鲢鳙各病害造成的死亡数量所占比例（图 11）来看，烂鳃病和中华鳋病造成的

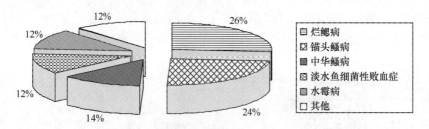

图10 鲢鳙各病害发病面积所占比例

死亡数量最大，分别是221 581尾和156 770尾，分别占到总死亡数量的28%和20%；锚头鳋病造成139 851尾死亡，占18%；水霉病和淡水鱼细菌性败血症分别造成112 252尾和75 815尾死亡，分别占14%和10%。

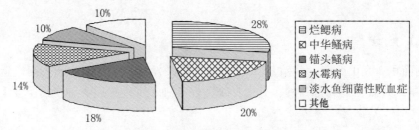

图11 鲢鳙各病害造成死亡数量所占比例

（三）鲫

监测面积186 437亩，养殖量11 208 945尾，发病面积40 313.2亩，造成死亡106 467尾，共监测到病害5种，其中：细菌病3种，寄生虫病1种，真菌病1种（表11）。

表11 鲫的发病情况

病害名称	发病面积（亩）	发病率（%）	死亡数量（尾）	死亡率（%）
烂鳃病	17 277	0.77	34 210	0.03
细菌性败血症	100.2	0	735	0
细菌性肠炎病	1 239.5	0.06	4 390	0
水霉病	6 071.5	0.27	44 332	0.03
锚头鳋病	15 625	0.70	22 800	0.02

鲫各病害发病面积所占比例（图12）最高的是烂鳃病，发病面积17 277亩，发病率为0.77%，占到鲫鱼总发病面积的43%；其次是锚头鳋病，发病面积15 625亩，发病率0.7%，占鲫总发病面积的39%；此外，水霉病和细菌性肠炎病的发病面积为

6 071.5 亩和 1 239.5 亩，分别占总发病面积的 15% 和 3%。

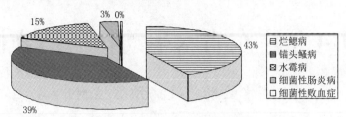

图 12　鲫各病害发病面积所占比例

　　从鲫各病害造成的死亡数量所占比例（图 13）来看，水霉病和烂鳃病造成的死亡数量最大，分别是 44 332 尾和 34 210 尾，分别占总死亡数量的 42% 和 32%；锚头鳋病造成 22 800 尾死亡，占到 21%。

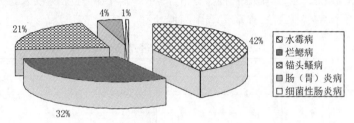

图 13　鲫各病害造成死亡数量所占比例

2014 年广东省水生动物病情分析

广东省水生动物疫病预防控制中心

（颜远义）

一、主要水产养殖品种及产量

改革开放后经过 30 余年的高速发展，广东水产养殖业呈现养殖品种多、规模大、名特优品种多的状况，水产养殖品种多达上百种，其中养殖规模较大、开展过水产病害测报、水生动物疫病监测的有草鱼等 40 种。

表1　2014 年广东大宗水产养殖品种与产量

养殖品种	产量（吨）	养殖品种	产量（吨）
海水养殖			
鲈	51 506	凡纳滨对虾	340 833
石斑鱼	36 138	斑节对虾	49 641
美国红鱼	28 805	中国对虾	11 175
军曹鱼	27 665	青蟹	48 270
鲷	24 596	螺	90 981
鰤	14 827	鲍	7 449
大黄鱼	9 590	牡蛎	1 887 480
日本对虾	5 724	海水珍珠	2 910
		合计	2 890 193
淡水养殖			
草鱼	740 256	鳊鲂	27 056
鳙	380 897	泥鳅	14 724
鲢	231 899	鲖	15 673
罗非鱼	714 296	短盖巨脂鲤	28 056
鳗鲡	105 115	鲟	4 037
乌鳢	109 907	鳜	93 679
鲈	227 704	凡纳滨对虾	237 887
鲫	137 993	罗氏沼虾	30 502
鲤	123 565	鳖	10 910
鲇	35 647	龟	3 708
黄颡鱼	31 210	蛙	4 763
青鱼	45 426	观赏鱼（尾）	232 852 665
		合计	3 668 631

二、发生的主要疾病

（一）监测疾病种类

2014 年广东省继续开展水产养殖病情周年测报和水生动物疫病监测，共监测 25 种水产养殖品种，监测到水产病害 54 种。按病原分，病毒病 7 种，细菌病 25 种，寄生虫病 16 种，真菌病 3 种，不明病因病 3 种；按养殖种类分，鱼类疾病 31 种，甲壳类疾病 9 种，贝类疾病 4 种，其他类疾病 10 种。在各类病害中，细菌性病害所占比例为 46%，其次为寄生虫病占 30%，病毒病占 13%，真菌病占 6%，不明病因病占 5%。

（二）监测品种发病情况

在 25 种监测大宗养殖品种中，发病率最高的是南美白对虾（31%）；发病率高于 20% 的还有斑鳢和罗非鱼，发病率高于 15% 的有大口黑鲈、卵形鲳鲹、杂色鲍、黄鳍鲷、石斑鱼 5 种；发病率高于 10% 的有罗氏沼虾、鲍鱼、鳗鲡、锯缘青蟹、鳜、鳖、高体鰤、长吻鮠 8 种；发病率低于 10% 的养殖种类有草鱼、鲮、鲫等 9 种（图 1）。

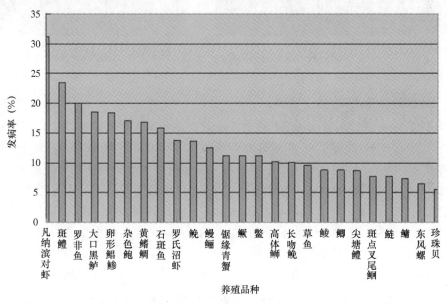

图 1 监测养殖品种的发病情况

（三）主要疫病发生情况

1. 白斑综合征（图 2）

2014 年广东省水产病害测报显示，白斑综合征发病率 8.3%，死亡率 8.9%，因病造成经济损失约 1 亿元。在粤西对虾养殖主产区实际采集虾样 416 份，检出白斑病毒阳

215

性样本 36 份，阳性率为 8.6%，明显低于去年 20%。其中，亲虾阳性率 9%，成虾阳性率 4.4%，虾苗阳性率 12.3%。

2. 传染性皮下与造血器官坏死病（图 3）

2014 年广东省首次在江门、汕尾和汕头三市开展了对虾传染性皮下与造血组织坏死病的监测，采集成虾样品按标准同时检测两种虾病。在 373 份成虾样本中，检出白斑综合征阳性率为 5.6%，传染性皮下与造血器官坏死病阳性率为 42%。近年来研究表明，对虾生长慢与虾传染性皮下与造血组织坏死病病毒有关，但因未开展过跟踪监测，虾传染性皮下与造血组织坏死病直接引起的发病数据还无法统计。

图 2　对虾白斑综合征（病虾的头胸甲白斑病症）　　　图 3　IHHNV 病虾个体较小

3. 急性肝胰腺坏死病（图 4）

2014 年 4—6 月广东省组织湛江市等 7 个对虾主产区水生动物疫控机构对该病流行情况进行调查，重点调查了 43 家对虾养殖场和 12 家对虾苗种场 2012 年和 2013 年的生产及病害发生情况。同时，省中心邀请中山大学和南海水产研究所的专家组成专家组，一起到湛江、茂名两个最大的对虾养殖主产区进行专题调研，通过实地考察、与养殖场负责人及技术人员、虾农和基层渔医座谈，了解探讨早期死亡综合征的发生原因，还采集虾苗、成虾和虾塘水进行检测分析。调查结果显示，2014 年粤西对虾主产区该病危害非常严重，早糙养殖虾苗排塘率高于 70%，养殖户亏损率高于 60%。

4. 刺激隐核虫病（图 5）

2014 年广东省在饶平、惠州、茂名、惠来四地采集海水鱼样 368 份，检出阳性率 11.2%，低于 2013 年的 45%。2014 年 6 月和 9 月，惠州、阳江两地局部发生刺激隐核虫病，共有 6 500 个网箱发病，死亡鱼苗 5 多万尾，成鱼 10 多万千克，造成经济损失 600 多万元。

5. 链球菌病（图 6 和图 7）

2014 年全省罗非鱼链球菌病发病面积超过 10 万亩，发病率 20%，死亡数量 1.5 万吨，造成直接经济损失约 1 亿元，其危害程度较前两年增大。在 8 个不同地点抽样检测 105 份罗非鱼，从 15 份罗非鱼内脏中分离到链球菌，经鉴定均为无乳链球菌，感染率为 14.3%。

图 4　急性肝胰腺坏死病

图 5　感染刺激隐核虫的鳃（阳江市站）

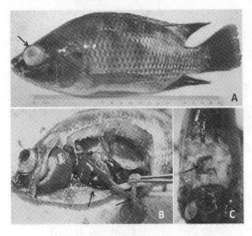

图 6　链球菌病鱼（罗定站）

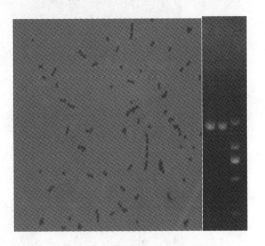

图 7　检出的链球菌和 PCR 鉴定结果

6. 贺江等足类寄生虫专项监测情况

2014 年 1—12 月在 6 个监测点共采集到贺江等足类寄生虫 2 232 只，较 2013 年增加 1 倍。其中，在 1—6 月检测到的寄生虫数量较少，7—12 月则明显增多，而且 7 月份检测到寄生虫的数量最高，占全年总数的 46.5%。西江监测点从 9—11 月连续 3 个月监测均发现贺江等足类寄生虫（图 8），显示贺江等足类寄生虫在西江存活时间较上年延长，应引起高度关注，继续开展监测跟踪。

7. 草鱼出血病

水产病害测报结果显示，2014 年广东草鱼出血病发病率 3.3%，死亡率 1.8%，估算造成经济损失 600 万元。同年 4—9 月广东省在河源、云浮等地开展草鱼出血病监测，在 820 尾草鱼样本中检出呼肠孤病毒 Ⅱ 型血清型阳性率为 2%，其他血清型未检出阳性结果（图 9）。

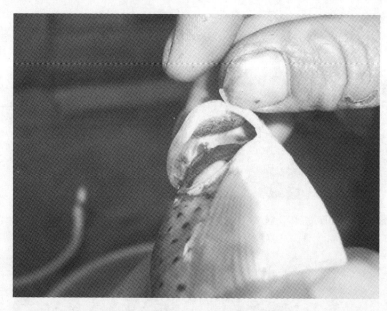

图8　寄生于鱼鳃部的贺江等足类寄生虫

图9　草鱼出血病病症

8. 珍珠贝的病害

2011 年湛江市雷州流沙湾吊养的珍珠贝曾暴发缨鳃虫病（图 10），造成巨大经济损失。2014 年我们继续对该病进行了连续 12 个月的监测，其发病率为 1%～3%，死亡率低于 1%，没有发生大量死亡现象。

图 10　缨鳃虫

三、采取的主要措施

1. 加强水生动物疫病防控体系能力建设

广东省多年来采取措施持续不断推进，到目前为止，全省已有 1 个省级、18 个地级市、84 个县区获当地编委批准成立了水生动物防疫检疫站，有 18 个地级市建立三合一实验室、74 个县建立了水生动物防疫检疫实验室，湛江市、肇庆市和深圳市水生动物防疫检疫实验室通过了资质认证，每年轮训市、县站水生动物检疫员（每年 100 人次），培训市、县站实验室检测技术人员（每年 100 人次），提高了市、县专业技术人员的业务水平。

2. 大力推进水产苗种产地检疫

按照农业部要求，广东省从 2012 年开始实施水产苗种产地检疫，三年来检疫范围、检疫数量逐年增大，检疫水平不断提高。现已有 84 个市、县办理了检疫委托手续，其中有 15 个市、52 个县发布了检疫公告，有 18 个市、48 个县（区）开展了检疫出证工作，今年检疫水产苗种 210 多亿尾，签发检疫合格证 2 527 张（其中 A 证 477 张，B 证 2 050 张），检疫数量比 2013 年大幅增加，推进明显。省中心编写的《水产苗种产地检疫实验操作图解》一书正式出版，将作为检疫人员检疫实际操作指导资料。

3. 积极做好水产养殖病害防控

2014 年来全省各级水生动物疫控机构为养殖户共举办了病害防治技术培训班 186 期，培训 11 426 人次，发放宣传资料 81 300 份；下场指导服务 5 325 多人次，开展电话咨询 4 862 次；发送手机防病短信 40 万条，在网上发布防病信息 700 条。其中，为减少惠州、阳江发生的海水刺激隐核虫病造成危害，省中心多次组织专家到现场开展诊断活动，惠州市、阳江市、惠东县等有关市、县水生动物防疫检疫站及时开展连续监测，确诊病因，并指导养殖户做好死鱼无害化处理、疫病监测、复产技术指导等工作，使因病造成损失不及往年的 1/6，为恢复正常生产发挥了较好的作用。

4. 开展水产病害防控技术研究试验

近年省中心组织中山大学、南海水产研究所、珠江水产研究所、广东海洋大学等多家科研院校开展了罗非鱼链球菌病、淡水鱼出血性败血症、鳜鱼河鲈锚首虫病、贺江等足类寄生虫流行病、鳗鱼爱德华氏菌病、海水鱼刺激隐核虫等病害的防治研究试验，取得一批成果，其中"刺激隐核虫生物学及综合防控技术研究"获广东省科学技术奖二等奖，"贺江等足类寄生虫病防治技术研究"获得广东省科学技术奖三等奖，"草鱼高效健康养殖技术研究与集成示范"获得广东省农业技术推广奖二等奖，"杂色鲍幼苗'脱板症'等病防控技术研究"获中国水科院科技进步奖。

5. 召开对虾早期死亡综合征风险分析会

2014 年 8 月广东省水生动物疫病预防控制中心在广州召开急性肝胰腺坏死病风险分析研讨会，邀请国内知名虾病研究专家和渔业行政管理、技术服务及生产一线技术人员参加，就病原、病因、养殖环境、养殖模式及管理等多方面进行了分析研讨，提出了相关防控对策。我们还邀请国家虾病首席科学家、中山大学何建国教授到一线开展培训和防控技术指导，编印防控技术小册子发给养殖户，对防控该病的传播流行发挥了一定作用。

6. 开展罗非鱼慢性链球菌病防控技术及风险评估研究

鉴于近年来罗非鱼链球菌病危害大、尚无有效防治方法的状况，2015 年省中心与中山大学等科研单位合作，开展罗非鱼链球菌病免疫防控试验、链球菌拮抗益生菌制剂、慢性链球菌病病原生物学特性与传播特点的研究；与广东省公共卫生研究院合作开展评估慢性链球菌病通过鱼生等食物对人是否存在食用安全潜在风险和对捕捞、鱼加工行业人员的创伤风险研究，科学评估慢性链球菌病对人感染的风险。

四、发病趋势分析

根据 2014 年广东省水产养殖病害测报和监测数据，分析、预测今后水产养殖病害仍将呈现高发的态势。预测对虾早期死亡综合征、传染性皮下和造血组织坏死病与罗非鱼链球菌病、海水刺激隐核虫病依然严重，发病率可能较 2014 年更高，出现大范围暴发流行的风险很大；海水养殖鱼类的诺卡氏菌病、弧菌病、链球菌病和鳢、鲈等鱼类溃疡病、锦鲤疱疹病毒病、鲍脓疱病及鲫、鲮等淡水鱼细菌性败血症等病在局部地区暴发的风险也较高，其发病率可能高于 2014 年；草鱼烂鳃病和鳜鱼指环虫病及对虾白斑病、罗氏沼虾白尾病、鳖腮腺炎病、青蟹弧菌病等病的发病率可能与 2014 年相近。

2014 年海南省海水养殖鱼类病情分析

海南省海洋与渔业科学院

（涂志刚 赵志英 邱名毅 李丹萍 崔婧 白丽蓉）

一、海水养殖鱼类主要养殖品种和产量

根据《2015 中国渔业统计年鉴》的数据，2014 年海南省海水养殖鱼类品种主要包括卵形鲳鲹、石斑鱼、军曹鱼、美国红鱼、鲈、鲕、鲷等。各品种鱼类产量详见表 1，其中卵形鲳鲹 35 000 吨，石斑鱼 24 783 吨，军曹鱼 7 529 吨，美国红鱼 3 697 吨，鲈 3 594吨，鲷 2 463 吨以及鲕鱼 746 吨，共 77 812 吨，占海南省海水养殖总产量的 28%（图 1）。

表 1　2014 年海南省海水养殖鱼类产量（按品种分）

鱼类品种	卵形鲳鲹	石斑鱼	军曹鱼	美国红鱼	鲈	鲷	鲕	合计
产量（吨）	35 000	24 783	7 529	3 697	3 594	2 463	746	77 812

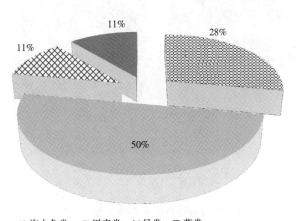

※海水鱼类　▓甲壳类　×贝类　▓藻类

图 1　2014 年海南省海水养殖各类别组成情况

二、每年发生的主要疾病以及造成的经济损失

海南省 2014 年海水养殖鱼类共监测到 15 种病害，其中石斑鱼 8 种，卵形鲳鲹 6种，军曹鱼 1 种（表 2）。按类型来分，主要包括寄生性病害、细菌性病害以及病毒性

病害和病因不明等。从发病流行情况来看，以寄生虫和细菌性疾病较为常见，伴随着病毒性疾病。

表2 2014年海南省海水鱼类病害统计（种）

品种	寄生性	细菌性	病毒性	病因不明	小计
石斑鱼	3	2	1	2	8
卵形鲳鲹	2	2	—	2	6
军曹鱼	—	1	—	—	1
合计	5	5	1	4	15

1. 石斑鱼

2014年海南省石斑鱼共发生了8种病害，主要分为细菌病、病毒病害、寄生虫病以及病因不明4个类型。各季节病害发生差异较大。9月和12月寄生虫病引起的危害最为严重，主要病原为刺激隐核虫以及微孢子虫，发病率为60%，发病区内死亡率达到10%。4—6月和9—11月是细菌病害高发期，伴随着病毒性神经坏死病，虽然细菌性病害引起死亡率不高，但是病毒性神经坏死病毒引起的病害死亡率达到90%以上（图2至图4）。

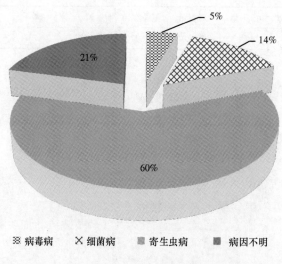

图2 2014年海南省石斑鱼各种病害发病率组成情况

2. 卵形鲳鲹

2014年海南省养殖卵形鲳鲹病害主要以细菌病害和寄生虫病害为主，其他病害较为少见。其中细菌病害主要集中发生在5—8月，水温较高时，细菌病害较为常见；寄生虫病害一般出现在8—10月，水温30℃以下，台风过后且碰上天文潮小潮期，由于水流交换不畅等原因，深水网箱养殖鱼类容易出现此类病害。

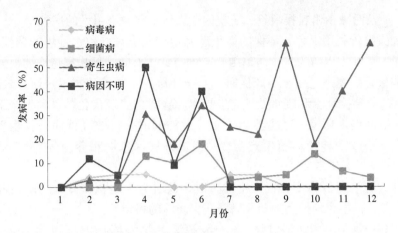

图 3　2014 年海南省石斑鱼发病情况

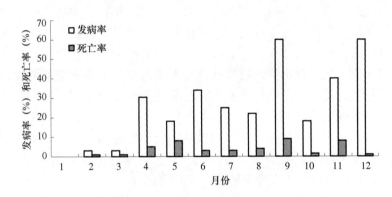

图 4　2014 年海南省石斑鱼寄生虫发病与死亡情况

3. 军曹鱼

2014 年海南省军曹鱼病害较少，主要以细菌病害为主，发病率为 10%，主要症状表现为烂身，发病月份集中在每年 1—3 月和 8—9 月。

据统计，2014 年海南省因病害等原因造成的海水养殖鱼类损失超 1.5 亿元（不包括其他养殖种类损失和自然灾害损失）。其中石斑鱼病害损失最严重，高达 9 000 万元，金鲳鱼病害损失约 4 000 万元，军曹鱼病害损失约 1 000 万元，其他鱼类病害损失约 1 000 万元。

三、采取的主要防控措施

（1）进一步加大宣传力度，使广大养殖户树立起生态健康养殖理念。

（2）加强对水产苗种的检验检疫，一旦发现携带病原的亲本不能用作亲鱼，凡携带病原鱼苗应立即隔离或者销毁。

（3）推广应用高质量的配合饲料，科学合理投喂，尤其是遇上高温季节或者台风频发季节，应及时减少饵料投喂量，防止因残饵污染等原因引发的病害。

（4）加大宣传利用绿色、环保的微生态制剂，加强对养殖水环境的调控力度、保持环境友好，坚持"以防为主，防治结合"的方针，有效降低病害造成的损失。

（5）积极推广先进适用、高产优质、安全环保的水产养殖技术。通过政府补助等方式加大推广养殖循环水和废水处理先进技术，着力构建现代化的养殖生产工艺体系，有效调控养殖过程水环境，减少养殖废水排放的同时，有效降低病害发生率。同时，积极引导养殖户改变传统养殖模式，鼓励渔民开展深水网箱养殖等新型、环保养殖模式。

（6）加大防治宣传力度，在发生病害时，及时与当地病害测报与防治部门联系，争取专业指导，科学合理使用渔药，增强病害防治的科学性。

（7）应积极加强养殖病害监测，充分发挥海南省水生动物疫病监控中心实验室作用。第一，扩展水生动物疫病专项监测任务，提高对刺激隐核虫、微孢子虫、弧菌病、链球菌病、神经性病毒病等进行监测能力；第二，积极开展水生动物产地检疫备案和检疫制度，对检疫工作进行试点示范，组织开展产地检疫宣传；第三，继续加强省级水生动物疾病检测实验室的建设，还有技术骨干的交流和培训；第四，开展水生动物疫情报告管理工作，继续对水生动物疾病进行预测预报，试开展精准测报，组织相关培训和宣传；第五，开展突发重大水生动物疫情应急调查和处理；第六，协助主管部门做好水生动物防疫信息化工作。

（8）对于海南省养殖规模过于集中、养殖污染严重超标区域，如文昌的冯家湾以及陵水新村与黎安港区等，应积极引导养殖户转产转业和扩展养殖环境的修复工程，减少海水养殖对该区域海洋生态环境的进一步影响。

四、发病趋势分析

通过分析2014年海南省海水养殖鱼类病害流行情况可知，寄生虫病害在海水鱼类养殖病害中所占的比重逐步增大。刺激隐核虫、指环虫、微孢子虫等寄生虫引起的病害是近几年海南省海水养殖的主要病害之一，发病频率明显高于细菌性烂鳃病。其次，流行的区域扩大和季节延长。如原来刺激隐核虫病、指环虫病和微孢子虫病仅在东部地区流行，近年来流行的范围扩展到西部地区，以至全省养殖区广为流行；再者因为极端气候频发，致使发病期涉及全年，如深水网箱养殖区域，每当台风过后，海区环境变化大，鱼类抵抗力下降，加之小潮期，养殖区域水流交换量减少，特别容易引发刺激隐核虫病。三是防治难度增大。由于虫体耐药性产生速度惊人，常用的药物效果不理想。

细菌性病害也是影响海南省海水养殖发展的又一重要制约因素，特别是在高温季节4—6月以及9—11月，因细菌引起的烂身、烂鳃、肠炎等病害较为常见。近年来还出现并发症状，常常伴随着病毒性病害，突发性较强，死亡率高，对养殖户造成较大损失，如海南省澄迈一个石斑鱼养殖户，细菌性病害发病一个月来死亡率并不高，由于没有做好防治工作，暴发病毒性神经坏死病，两三天损失2万~3万尾。此外，卵形鲳鲹、军曹鱼等海水养殖鱼类受细菌性病害影响有加大趋势，特别是深水网箱养殖卵形鲳鲹，随着养殖密度加大，养殖区域环境退化，细菌性病害发病率达 10% 以上。

病毒性病害主要出现在石斑鱼养殖过程中，往往伴随着细菌性病害一同出现，具有突发性强、死亡率高、防治难等特点。目前，海南省养殖金鲳鱼以及军曹鱼等其他海水鱼类还未监测到病毒性病害。